智慧农业基础及应用

叶 进 杨 娟 著

广西科学技术出版社

图书在版编目（CIP）数据

智慧农业基础及应用 / 叶进，杨娟著 . —南宁：广西科学技术出版社，2023.10

ISBN 978-7-5551-2055-1

Ⅰ . ①智… Ⅱ . ①叶… ②杨… Ⅲ . ①智能技术—应用—农业技术 Ⅳ . ①S126

中国国家版本馆CIP数据核字（2023）第187219号

ZHIHUI NONGYE JICHU JI YINGYONG

智慧农业基础及应用

叶 进 杨 娟 著

责任编辑：黎志海 韦秋梅 封面设计：梁 良

责任印制：韦文印 责任校对：冯 靖

出 版 人：梁 志

出版发行：广西科学技术出版社 社 址：广西南宁市东葛路66号

邮政编码：530023 网 址：http：//www.gxkjs.com

经 销：全国各地新华书店

印 刷：广西彩丰印务有限公司

邮政编码：530023

开 本：787 mm×1092 mm 1/16

字 数：206千字 印 张：10

版 次：2023年10月第1版 印 次：2023年10月第1次印刷

书 号：ISBN 978-7-5551-2055-1

定 价：45.00元

作者简介

　　叶进，教授，广西大学博士生导师，第十批"广西壮族自治区优秀专家"，美国明尼苏达大学双城分校高级访问学者。现任广西多媒体通信与网络技术重点实验室副主任、中国计算机学会互联网专委会委员、广西互联网协会区块链专业委员会主任。主持10多项国家级及省部级课题，在《软件学报》等国内外核心期刊上发表论文50多篇；获省级科技进步奖一等奖1项（排名第二），获得授权并实现发明专利成果转化4项；指导学生获第五届中国"互联网＋"大学生创新创业大赛铜奖；在智慧农业产学研中工作突出，获2019年广西教学成果一等奖（排名第一）。

　　杨娟，博士，高级实验师。现任植物科学国家级实验教学示范中心（广西大学）副主任、植物生产与调控自治区级虚拟仿真中心副主任、广西大学农学院实验中心主任。长期从事作物环境及生态相关科学研究，发表科研论文29篇；致力于新农科建设，强化农科教协同育人，大力培养学生创新创业能力，发表教改论文12篇；指导学生获"互联网＋"大学生创新创业大赛自治区级及以上奖励6项，获"优秀创新创业导师奖"。

扫码领取《智慧农业基础及应用》

线上资料包

1 配套视频
专题视频，详解
智慧农业解决方案。

2 PPT资料
完整版PPT课件，
线上随时查阅。

3 案例合集
应用案例分享，
研习实践经验。

4 读书笔记
在线记录书中
知识点。

前　言

党的二十大报告中，习近平总书记提出全面推进乡村振兴，坚持农业农村优先发展。在全面推进乡村振兴背景下，广西大学将智慧农业课程纳入农科类人才培养计划中。智慧农业课程以农业为研究对象，利用电子工程、信息化手段和可视化表达等一系列先进工科技术提升传统农业。智慧农业在我国的发展已经初见成效，但也存在诸多问题，如智慧农业涉及的应用面较广，如何聚焦重点发展领域、发挥区域特色辐射东盟；在智能化决策支持方面，特有农作物的数字化模型仍未建立完成，而且缺乏统一的标准，智能分析结果存在偏差；农科学生毕业后不愿回农村，难以吸引优秀人才加入现代化农业的队伍；农业信息化意识薄弱，大多仍停留在短期收益层面，因而智慧农业发展滞后。

本书主要内容包括智慧农业概述、现状及发展趋势，以及由物联网篇、大数据篇、人工智能篇3个模块组成的智慧农业整体结构和关键要素，同时也包含面向"互联网＋"大赛和创新创业大赛的智慧农业专题素材。通过智慧农业系统设计原理、技术、步骤的阐述，以及智慧农业实践的翔实案例，提供用大数据及互联网思维重塑传统农业的技术路径，对农科、工科师生以智慧农业为主题开展教学实践、创新活动具有重要参考价值。

出版本书的目的：（1）引导和培养农业大数据思维，以及针对农业信息化问题进行数据建模、完成系统分析的能力。（2）阐述应用物联网、大数据及人工智能解决复杂工程问题时分析和解决问题的方法和流程，使读者能够通过查阅文献等方法，寻找解决问题的可行方案，并根据实际情况选择较优的解决方案，从而具备农业相关的自主创新意识。（3）引导社会"懂农业、爱农村、爱农民"，以发展智慧农业为重要契机，转变传统农业理念、增强服务农业农村现代化意识，宣传和发扬勇于探究的精神、爱国爱家的情怀和坚韧不拔的意志。希望本书的出版能有助于加快培养急需紧缺的新农科人才，提升服务国家重大战略需求的能力，促进区域经济社会发展及乡村振兴。

本书由广西大学计算机与电子信息学院叶进教授、植物科学国家级实验教学示范中心（广西大学）高级实验师杨娟组织国家现代农业技术体系广西荔枝龙眼创新团队首席专家徐炯志，广西大学智慧农业课程老师许嘉、兰伟、张锦雄共同完成，广西大学硕士研究生宋冬冬、吴梦岚、邱文杰分别参与编写物联网篇、大数据篇、人工智能篇，何华光、胡亮青、刘金辉、陈俊江等4位老师和硕士研究生陈贵豪、庞承杰为书中涉及的研发案例及实践活动付出了辛勤的劳动，在此一并表示衷心的感谢！

本书为教育部新农科研究与改革实践项目"服务区域农业发展的综合性大学传统农科专业改造提升研究与实践"资助研究成果。

著者的农学知识有限，书中难免存在纰漏，敬请读者批评指正。

目　录

第一篇　物联网篇

第二篇　大数据篇

第三篇　人工智能篇

第一篇

物联网篇

作为传统农业大国，农业是我国国民经济的基础，农业人口基数大，农业发展过程中面临重要问题。首先是农业用地问题，我国人多地少，随着城乡建设的发展，农业用地会越来越少；其次我国的农作物品种管理缺乏统一规范，质量参差不齐，尤其是高价值品种种植技术难度大、传统农技推广效率低，导致产值不高，农业生产价值亟待提高。改造传统农业生产模式，规模化、流程化、标准化地提高产量、实现供需平衡的关键是技术。以"互联网＋农业"为驱动，可以助力提升农业智能化水平，实现农业生产全过程的信息感知、自动控制、智能决策和精准管理，精准农业、智能灌溉、智能温室等多种基于物联网的应用将推动农业生产经营流程的改进。物联网科技可用于解决农业领域的特有问题，打造基于物联网的智慧农场，实现作物质量和产量双丰收。

本篇旨在描述如何采用基于物联网的先进技术和解决方案，通过实时收集并分析现场数据和部署指挥机制的方式，达到提升运营效率、扩大收益、降低损耗的目的。同时作为物联网的应用之一，农产品溯源系统通过信息化系统辅助品牌，使生产主体实现生产过程的细致管理，为农业生产者实现农事作业的栽植、灌溉、施肥、施药、收获等全程记录和管理服务。

本篇归纳农业物联网及其发展现状，阐述传感器及无线传感网的基本内容和关键技术，以 NI WSN 产品为例描述一套开发应用的流程，并对基于物联网和区块链的农产品溯源进行完整的系统设计与实现。

第一章　农业物联网绪论

本章对农业物联网做一个基本的介绍，包括农业物联网的定义、主要应用领域、应用现状以及发展趋势。

农业物联网，是指在农业生态控制系统中运用物联网系统的温度传感器、湿度传感器、pH 值传感器、光照传感器、CO_2 传感器等设备，将大量的传感器节点构成监控网络，通过各种传感器采集信息（检测环境中的温度、相对湿度、pH 值、光照强度、土壤养分、CO_2 浓度等物理量参数），帮助农业从业者及时、科学地发现问题，并准确地确定发生问题的位置，以保证作物能够有良好、适宜的生长环境，使农业逐步从以人力为中心、依赖于孤立机械的生产模式转向以信息和软件为中心的生产模式。其中，无人机已被广泛应用于农业生产中，它可用于监测作物健康、农业拍照（以促进作物健康生长为目的）、可变速率应用、牲畜管理等。无人机可以低成本监视大面积区域，搭载传感器可轻易采集大量数据。

当前，我国正处于传统农业向现代农业过渡的阶段，物联网技术已逐步应用于农业生产的各个方面，如农产品物流、农产品溯源等。农业生产中作物生长的特异性、生产过程的长期性和生产环境的复杂性决定了物联网技术在农业应用中的特殊性，结合农业生产的实际情况，研发适合我国农业发展特色的物联网技术和装备，以实现农业生产信息快速实时获取、稳定高效传输、生产作业智能决策与精准控制。农业物联网因其高效、便捷、智能等特点受到了农业生产人员的欢迎。目前，农业物联网的应用领域主要有以下方面。

（1）农业管理系统（FMS）。FMS 借助传感器和跟踪装置为农业管理者及其他利益相关方提供数据收集与管理服务。收集到的数据经过存储与分析，为复杂决策提供支持。此外，FMS 还可应用于农业数据分析和辨识最佳实践模型。还具有提供可靠的金融数据和生产数据管理、提升与天气或突发事件相关的风险缓释能力的优点。

（2）精准农业。作为一种农业管理方式，精准农业利用物联网技术及信息和通信技术，可实现优化产量、保存资源的效果。精准农业需要获取有关农田、土壤和空气状况的实时数据，在保护环境的同时确保收益和可持续性。可变速率技术是一种能够帮助生产者改变作物投入速率的技术，它常被应用于精准农业中。它将变速控制系统与应用设备相结合，在精准的时间、地点投放输入，因地制宜，确保每块农田获得最适宜的投放量。

（3）智能灌溉。提升灌溉效率、减少水资源浪费的需求日益扩大。通过部署可持续、高效的灌溉系统以保护水资源的方式愈来愈受到重视。基于物联网的智能灌溉对空气湿度、土壤湿度、温度、光照度等参数进行测量，由此精确计算出灌溉用水需求量。经验证明，该机制可有效提高灌溉效率。

（3）智能温室。智能温室可持续监测气温、空气湿度、光照、土壤湿度等气候状况，将作物种植过程中的人工干预降到最低。上述气候状况的改变会触发自动反应。在对气候变化进行分析评估后，智能温室会自动执行纠错功能，使各气候状况维持在最适宜作物生长的水平。

（4）收成监测。收成监测机制可对影响农业收成的各方面因素进行监测，包括谷物质量流量、水量、收成总量等，监测得到的实时数据可帮助农业管理者形成决策。该机制有助于缩减成本、提高产量。

（5）土壤监测系统。土壤监测系统协助农场主跟踪并改善土壤质量，防止土壤恶化。系统可对一系列物理、化学、生物指标（如土质、持水力、吸收率等）进行监测，降低土壤侵蚀、密化、盐化、酸化以及受危害土壤质量的有毒物质污染等风险。

智慧农业利用无线射频识别技术（RFID）、无线传感网络技术采集农业信息，有助于及时发现农田的问题，农业生产者可以在物联网技术的支持下，实现更加高效、智能、自动化的农业种植。目前，国内外农业物联网应用案例如下。

北京夏黎城设施农业专业合作社采用物联网智能控制系统，其网络型灌溉管理系统可节水 69%，智能施药系统可节省农药15%~20%；物联网智能控制系统可使菊花从分化到现蕾的时间缩短5~7天，商品化率提高15个百分点，核心区蔬菜产量平均提高约10%，基地每年增收1600万元以上。

江苏利用物联网技术，全省在设施园艺、大田种植、水产养殖、畜禽养殖等领域中取得了长足的进步。在设施园艺领域，全省各地建设了程度不同的智能温室，实时监测调控光、热、水、气、肥等环境因子，使产量和效益提高10%以上。在大田种植领域，研发建立了水稻、小麦等主要农作物目标产量栽培管理专家模型和作物生物质（如叶绿素）含量、环境因子感知设备，实现栽培管理定量化、精确化，积极发展"精确农业"，据测算，可减少农药、化肥等农资投入10%以上，增产5%~10%。另外，由江苏省农业农村厅和江苏农牧科技职业学院联合开发的江苏省农产品质量安全追溯管理系统领跑全国，为构建全省食用农产品质量安全追溯体系，落实农产品质量安全可追溯制度提供了坚实的信息化基础，有力保障了全省农产品的质量安全。

广西物联网尚未运用到农业的方方面面，主要集中在条形码识别的农产品溯源和精准农业上。广西建设了多个国家现代农业产业园，主导产业包括茉莉花、蔗糖、特色果蔬、畜牧养殖、螺蛳粉和茶叶等。围绕这些主导产业，广西建设了蔬菜质量安全追溯信息系统和柑橘产品质量追溯系统，一些农场还采用了全球卫星定位系统和自动化控制系统，以实现远程数据采集、控制等精准农业技术，为作物科学准确地浇水、施肥提供实时环境信息，有效地节约了水、肥、农药施用。

Water Pump Control 23应用于印度智能农场中，是一种基于蜂窝网络的无线遥控和报警系统，用于远程控制水泵，抵抗不利的灌溉条件。该应用可以解决关于水泵的诸多常见问题，如电力供应波动、贫瘠荒凉的地形、对当地野生动物损坏水泵的担忧、危险场所、明线布线、电击危险和雨水侵蚀等。农村供水系统还面临另一个问题，即水箱和水源缺乏充分的协调。该系统每年可节约水资源18万 m^3、电力1080 MW、劳动力成本720000美元。

Vitel Mobile、MobiFone和VinaFone等运营商在支持数据传输方面更进一步，从无线传感器到传感器平台，最终到云服务器。越南一家大型水产养殖场在应用实施监测技术前的统计数据：商用养殖水箱中的幼鱼2000 kg，6个月后的实际收获30000 kg，每千克鱼的价格1.5美元，收入45000美元。应用实时监测后，鱼类死亡率降低40%~50%，6个月后的实际收获达42000~45000 kg，收入达63000~67500美元，增收高达18000~22500美元。

在西班牙，Telefonica运营商推出自动灌溉系统，使用通用分组无线业务（GPRS）连接10多个农场的液压阀门、仪表和液位计。单个农场的总面积高达21000 hm^2，难以手动操作灌溉阀门。Telefonica和ABB推出远程灌溉系统，帮助农场主融合计算机和手机，以制订合适的灌溉计划。具体的解决方案以选定GPRS通信的移动电话网络和远程读取寄存器为基础。由此带来的增益是每年节约水量47 m^3，电力费用节约30%，农场利润增加25%。

综上，物联网是一个基于互联网让所有能够被独立寻址[①]的普通物理对象实现互联互通的网络，IPv6充分的地址空间、5G等高质量通信技术的泛在应用，将给物联网带来更广泛的互联、更透彻的感知和更深入的智能。物联网的发展趋势小结如下。

（1）传感器将向微型智能化发展，感知将更加透彻。农业物联网传感器的种类和数量将快速增长，应用日趋多样。近年来，微电子和人工智能等新技术不断涌现并被采用，将进一步提高传感器的智能化程度和感知能力。

（2）移动互联应用将更加便捷，网络互联将更加全面。移动宽带互联正在成为新一代信息产业革命的突破口，宽带化、移动化、智能化、个性化、多功能化正引领着信息社会的发展。

（3）物联网将与云计算、大数据深度融合，技术集成将更加优化。云计算能够帮助

---

① 址：指IP地址，是因特网的唯一身份，任何被分配一个IP地址的设备都可以以不同的通信方式接入，成为网络终端。

智慧农业实现信息存储资源和计算能力的分布式共享，大数据的信息处理能力将为海量的信息处理和利用提供支撑。

（4）物联网将向智慧服务发展，应用将更加广泛。随着物联网关键技术的不断发展和产业链不断成熟，物联网应用将从行业应用向个人、家庭应用拓展。农业物联网的软件系统能够根据环境变化和系统运行的需求及时调整自身行为，提供环境感知的智能柔性服务，进一步提高自适应能力。

第二章 农业物联网系统

本章介绍农业物联网系统，利用已有的硬件检测设施，将互联网融入农作物种植和管理中。农作物对环境依赖性强的特点是现代农业发展的瓶颈，以南宁市武鸣区伊岭岩为例，周边分布着大量的蘑菇大棚种植基地。蘑菇对环境要求极高，不同生长期对应不同的环境参数。在大棚内，常设有温度调节、湿度调节、通风等装置，一旦在某个生长期内环境参数出现异常，种植者就可能面临失收的风险。而农业物联网系统可实时监测不同农作物基地的各种环境指数，如大棚和堆料中的温度、湿度、二氧化碳等，及时启动反馈控制并将报警信息发送给管理者。

第一节 系统架构

根据农业生产信息自生成、传输至应用的流程，可将农业物联网分为采集层、汇集层和应用层（图1-1）。

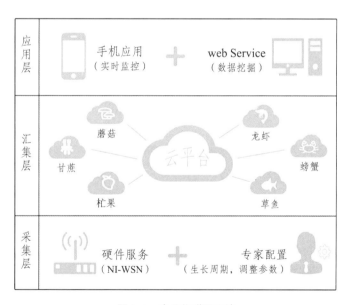

图1-1 农业物联网系统

采集层利用传感器、RFID、RS、GPS等硬件和技术采集各类农业相关信息（光照、温度、湿度、水分、养分、肥力、土壤养分、土壤电导率、溶解氧、酸碱度和电导率等），实现对农作物信息的识别和采集。

汇集层借助广域网技术（如 SMDS 网络、3G/4G 等）与采集层的传感网技术相融合，将感知到的农业生产信息无障碍、快速、安全地传送至目的地，实现大范围的信息传输与互联。

应用层是农业物联网网络架构中的最高层，应用层主要面向终端客户，可根据用户需求搭建不同的操作平台。农业物联网应用层帮助用户实现对农业生产各环节信息的实时获取和数据共享，从而保证产前正确规划、产中精细管理、产后高效流通，提高资源利用效率及农业生产效率。

第二节　传感器

传感器是将被测量的物理或化学信号转换为电信号的装置，是系统中比较重要的部件，关系到采集数据的精确度、系统的价格和功耗，因此综合考虑多方面因素选择合适的传感器至关重要。

一、传感器分类

传感器种类繁多，分类方法也多种多样，比如从实现原理上分为物理传感器和化学传感器两大类，每类又有众多的原理实现方式；从用途上分为压力传感器、速度传感器、温度传感器、光照强度传感器等；从制造工艺上分为集成传感器、薄膜传感器、厚膜传感器、陶瓷传感器等；从信号输出方式分为模拟传感器、数字传感器、开关传感器等。

二、传感器选择

虽然传感器的原理多样，但在使用时，只需将其看作一个黑盒子，供上电源后，在输出端便可以得到所需的数字信号或模拟信号，因此只要其功耗和其他实用要素在系统设计需求范围内，内部经过何种处理则无关紧要。选择传感器时主要关注传感器的功耗、精度、信号输出方式等参数，以及价格、开发难度等因素。下面分别对各种传感器进行比较分析，以最终选择适合本系统应用的传感器。

1. 空气温湿度传感器

空气温湿度传感器分为数字型和模拟型，前者输出数字信号，后者输出模拟信号。以 AMT2001 一体型传感器（图 1–2）为例，该传感器是一款低功耗、小体积、单片机校准线性输出、使用方便、成本低、完全互换、超长的信号传输距离、精确校准的传感器。AMT2001一体型传感器的供给电压为直流电压，相对湿度通过电压输出进行计算表（1-1），具有精度高、可靠性强、一致性好且带温度补偿的优点，能确保长期稳定性。主要参数如下。

（1）供电电压（Vin）：4.5~6 V DC。

（2）消耗电流：约2 mA（MA 5 mA）。

（3）使用温度范围：-40~80℃。

（4）温度检测范围：0~80℃。

（5）使用湿度范围：0%~100% RH。

（6）湿度检测范围：0%~100% RH。

（7）保存温度范围：0~80℃。

（8）保存湿度范围：95% RH 以下（非凝露）。

（9）温度检测精度：±0.5℃（条件：25℃）。

（10）湿度检测精度：±3% RH（条件：25℃，60%RH）。

（11）标准湿度输出电压（免调试，表1-1）：（条件：25℃，Vin=4.5~6V DC）。

（12）温度依存性：±2% RH（Vin=4.5~6 V DC，10%~90% RH，-20~80℃）。

表1-1　标准湿度输出电压

相对湿度（% RH）	10	20	30	40	50	60	70	80	90	100
输出电压（V）	0.3	0.6	0.9	1.2	1.5	1.8	2.1	2.4	2.7	3

图1-2　AMT2001一体型传感器

2. 土壤温湿度传感器

以 MS10 土壤水分传感器（图1-3）为例，通过测量土壤的介电常数，能直接、稳定地反映各种土壤的真实水分含量。MS10 土壤水分传感器可测量土壤水分的体积百分比，是符合当前国际标准的土壤水分测量方法。适用于土壤墒情监测、科学试验、节水灌溉、温室大棚、花卉蔬菜、草地牧场、土壤速测、植物培养、污水处理、粮食仓储、温室控制、精细农业等，同时可做水利、气象及各种颗粒物含水量的测量。具有以下特征。

（1）测量精度高，响应速度快、互换性好。

（2）密封性好，耐腐蚀，可长期埋入土壤中使用。

（3）采用阻燃环氧树脂固化，完全防水，可承受较强的外力冲击。

（4）钢针采用优质材料，可经受长期电解和土壤中的酸碱腐蚀。

（5）测量精度高，性能可靠，受土壤含盐量影响较小，可适用于各种土质。

图1–3　MS10土壤水分传感器

3. CO_2 传感器

CO_2 的测量可选用 MG811 型 CO_2 气体传感器（图1–4），具有以下特征。

（1）具有模拟信号和电平信号同时输出的功能。

（2）模拟信号输出范围 0~2 V，模拟信号可以直接接 AD 采集。

（3）数字电平信号输出有效信号为低电平，LED 灯亮，可直接接单片机 IO 口。

（4）传感器模块自带温度传感器，采集温度范围 0~100℃，可有效进行温度补偿。

（5）对 CO_2 具有很高的灵敏度和良好的选择性。

（6）具有长期的使用寿命和可靠的稳定性。

（7）快速的响应恢复特性，安装调试方便。

技术参数：

（1）工作电压：12±0.2 V（AC·DC）。

（2）工作电流：<150 mA。

（3）回路电压：DC 6 V。

（4）负载电阻：70 ±7 Ω。

（5）检测浓度范围：350~10000 mg/kg。

（6）感应电动势压：350 mg/kg 对应 260~360 mV。

（7）灵敏度：50 mV。

（8）响应时间：≤90 s（预热3~5 min）。

（9）恢复时间：≤30 s。

（10）元件功耗：≤ 0.5 W。

（11）工作温度：10~50℃（标称温度20℃）。

（12）工作湿度：5%~95% RH（标称湿度60% RH）。

（13）使用寿命：2~3年。

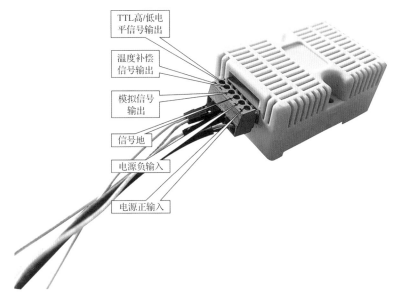

图1-4　MG811型 CO_2 气体传感器

第三节　无线传感器网络

无线传感器网络（WSN）是一种新型的网络，它是随着计算机网络、传感器技术、微电子技术和无线通信的发展而产生起来的。WSN 网络利用各种类型的传感器感测外界环境参数，将物理信号转换成电信号，从而可以获取客观物理世界的状态，满足人们对"无处不在的网络"的需求。未来，将使监测系统从以有线布网、人工为中心的测量模式转向以信息和软件为中心的测量模式，从而实现温室、机房、家居等环境下信息采集系统的自动部署、自组织传输和智能控制，提高工作效率和生活质量。

利用 WSN 采集数据，在农业生产各个领域的应用已经势在必行。因为农业生产环境比较恶劣，要求工作人员长期停留在恶劣环境中观察设备运转情况是不可行的，而且通常工作环境范围广，数据传输量大，使用有线网络进行数据传输不仅浪费硬件资源、占用空间，更存在布线困难等问题。而将采集到的现场数据传递给一个监控室的方式，可以方便监控室内工作人员通过发送控制指令操作现场模块。通过 WSN 对基地数据进行采集的方式，可满足在农业生产环境中快速高效部署的要求。

一、WSN 农业应用

我国的智能监控设施农业起步较晚，但发展较快，总体而言，我国的设施农业整体现代化水平还是很低，国内大量使用的温室多数为没有智能调控设备的简单日光温室，普通用户仍然较多地采用简易的大棚系统，甚至完全靠人工手动来操作温室大棚。与智能化的温室大棚相比，早期的温室大棚主要存在2个问题。

（1）温室调节主要靠人工手动调节，效率低，消耗了大量人工和时间，并且受人为因素作用如调节不及时等，易影响作物的生长。

（2）温室的建设缺乏统一的标准与规范，由于设备较为简单，对当地的气候环境考虑较少，因此对温室的调控容易产生误判。

考虑 WSN 技术越来越多应用于温室大棚中，并且基于 IEEE 802.15.4标准的 WSN 有着高速率、低成本、低功耗等优点，本节描述的基于 WSN 的大棚环境可视化监测系统，对智能监控系统具有重要的意义，主要表现在4个方面。

（1）实现对大棚内温度、湿度以及 CO_2 浓度的准确采集。

（2）相比传统的工控大棚，可降低操作难度，减少造价。

（3）采用无线传输的方式，省去大量的硬件及有线设备的部署，降低成本。

（4）能够智能化地监测数据异常，快速地通过网络或短信的方式通知用户，从时间上提高效率，改善大棚环境和促进作物生长的及提高成活率。

二、WSN 组成

WSN 体系结构的概念包括网络结构、传感器节点结构和网络协议体系结构。

WSN 是把计算机技术、通信技术、传感器技术、网络技术等融合在一起，涉及微传感器与微机械、通信、自动控制、人工智能等多领域。大量传感器节点随机或有规律地部署在监测区域内，能够通过无线多跳自组织方式构成网络，从而实现对环境参数或设备状态的智能监控。

WSN 主要用于大范围、低成本、高效地获得传感信息。它是由传感器节点、汇聚节点和任务管理节点构成的一种特殊的 Ad-hoc（自组织）网络。这些节点被大量散布在待测区域内，对其中的待测物理量进行实时、连续数据采集、记录、分析等操作，进而实现实时控制。

1. 传感器节点

传感器节点主要负责待测数据的采集，通常是一个微型的嵌入式系统，由电池供电，数据处理、存储和通信的能力相对较弱。传感器节点通常位于网络的末端，同时也充当路由器，除采集本地数据外，还对周围节点传来的数据进行简单存储、管理和融合等。传感器节点的组成结构如图1-5所示，包括4个必要单元。

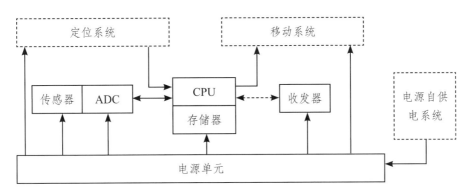

图1-5　传感器节点的组成结构

（1）传感单元。由传感器和模拟数字转换器（ADC）组成，负责获取信息。

（2）处理单元。嵌入式系统，包括中央处理器（CPU）、存储器、嵌入式操作系统等，是传感器节点的核心，负责协调节点各部分的工作，对获取的信息进行必要的处理和保存等。

（3）通信单元。无线通信模块，负责与网络中其他节点进行通信。

（4）电源单元。为传感器提供正常工作所需的电量，通常为携带电量有限的电池。

在WSN的具体布设中，大量的传感器节点通常被任意或有序地布置安放于待监测区域中，节点便通过自组织形式组网，实现信息的自动采集。

2. 汇聚节点

在WSN中，传感器节点通过借助长距离或临时建立的链路，将位于待监测区域内任何监测点的数据传送到任务管理中心。汇聚节点主要负责收集和管理网络中采集的数据，最终通过外部网络发送到远程的任务管理节点。汇聚节点的数据处理、存储和通信能力相对较强，它既可以是一个增强功能的传感器节点，也可以是不具监测功能仅带有无线通信接口的特殊设备。

监测区域中的传感器节点通过无线组网的方式开展连接通信，每个传感器节点都发挥起路由器的作用，并具备定位、恢复连接以及自主动态搜索的功能，传感器区域内的节点通过自动搜索可用信息，将信息通过汇聚节点进行处理和初步融合再传输给用户。传感器区域相邻节点通过接力的方式将信息传向汇聚节点，汇聚节点又通过因特网将信息传给用户。这样的一条数据链路如图1-6所示。

图中，当某一节点需要发送数据时，它找到邻近的节点，通过邻近的节点进而寻找下一个节点，最终将信息传送到汇聚节点，汇聚节点执行发送动作至远程任务管理中心，远程任务管理中心也会通过相同的链路将控制信息发送至对应的节点。

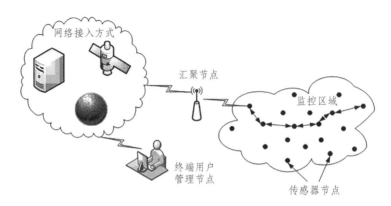

图1-6 传感器节点与汇聚节点间的链路

3. 任务管理节点

任务管理节点负责管理网络节点发布数据采集命令和控制命令，通常由远程计算机充当。由传感器节点收集的信息通常被送至任务管理节点的中心数据库存储，同时任务管理节点可以通过科研人员的指令或专家数据库发送远程控制命令。

第四节　无线传感器网络的特点和关键技术

WSN 一般是为了某个特定的需要设计的自组织网络，主要是用来实时监测、感知和采集网络分布区域内的各种环境或监测对象的信息，并对这些数据进行处理。相对于其他无线网络，它具有独特的特点与关键技术。

一、WSN 的特点

WSN 不建立统一的寻址方案，网络中大多存在一个中央处理单元，数据往往会被传到该节点进行分析，或通过网关节点传送到远程计算机进行分析处理。网络节点多采用电池供电，对带宽、处理速度、存储能力等方面的控制较为严格，能量管理要求高。WSN 主要有以下特点。

1. 大规模

为了获取精确信息，在监测区域通常部署大量传感器节点，可能达到成千上万个，甚至更多。WSN 的大规模性包括2个方面：一是传感器节点分布在很大的地理区域内，如在原始大森林采用 WSN 进行森林防火和环境监测，需要部署大量的传感器节点；二是传感器节点部署密集，在面积较小的空间内，密集部署大量的传感器节点。

2. 自组织

在 WSN 应用中，通常情况下传感器节点被放置在没有基础结构的地方，传感器节点的位置不能预先精确设定，节点之间的相互邻近关系预先也不知道，如通过飞机播撒大量传感器节点到面积广阔的原始森林中，或随意放置到人类不可到达或危险的区域。这样就要求传感器节点具有自组织的能力，能够自动进行配置和管理，通过拓扑控制机制和网络协议自动形成转发监测数据的多跳 WSN。

在 WSN 使用过程中，部分传感器节点由于能量耗尽或环境因素而失效，也有一些节点为了弥补失效节点、增加监测精度而补充到网络中，这样在 WSN 中的节点个数就动态地增加或减少，从而使网络的拓扑结构随之动态地变化。WSN 的自组织性要能够适应网络拓扑结构的动态变化。

3. 动态性

WSN 的拓扑结构可能因为以下因素而改变：环境因素或电能耗尽造成的传感器节点故障或失效；环境条件变化可能造成无线通信链路带宽变化，甚至时断时通；WSN 的传感器、感知对象和观察者这三要素都可能具有移动性；新节点的加入。这就要求 WSN 系统要能够适应这种变化，具有动态的系统可重构性。

4. 可靠性

WSN 特别适合部署在恶劣环境或人类不宜到达的区域，传感器节点可能在露天环境中工作，遭受日晒、风吹、雨淋，甚至遭到人类或动物的破坏。传感器节点往往采用随机方式，如通过飞机撒播或发射炮弹到指定区域进行部署。这些都要求传感器节点非常坚固，不易损坏，适应各种恶劣环境条件。

由于监测区域环境的限制以及传感器节点数目巨大，不可能人工"照顾"每个传感器节点，网络的维护十分困难甚至不可维护。WSN 的通信保密性和安全性也十分重要，要防止监测数据被盗取和获取伪造的监测信息。因此，WSN 的软件、硬件必须具有鲁棒性和容错性。

5. 以数据为中心

互联网是先有计算机终端系统，然后再互联成为网络，终端系统可以脱离网络独立存在。在互联网中，网络设备用网络中唯一的 IP 地址标识，资源定位和信息传输依赖于终端、路由器、服务器等网络设备的 IP 地址。如果想访问互联网中的资源，首先要知道存放资源的服务器 IP 地址。可以说，现有的互联网是一个以地址为中心的网络。

WSN 是任务型网络，脱离 WSN 谈论传感器节点没有任何意义。WSN 中的传感器节点采用节点编号标识，节点编号是否需要全网唯一取决于网络通信协议的设计。由于传感器节点随机部署，构成的 WSN 与节点编号之间的关系是完全动态的，表现为节点编号与节点位置没有必然联系。用户使用 WSN 查询事件时，直接将关心的事件通告给网络，而不是通告给某个确定编号的节点。网络在获得指定事件的信息后汇报给用户。这种以数据本身作为查询或传输线索的思想更接近于自然语言交流的习惯。所以，通常说 WSN 是一个以数据为中心的网络。

6. 集成化

传感器节点的功耗低，体积小，价格便宜，实现了集成化。其中，微机电系统技术的快速发展为 WSN 节点实现上述功能提供了相应的技术条件，在未来，类似"灰尘"的传感器节点也将会被研发出来。

7. 具有密集的节点布置

在安置传感器节点的监测区域内，布置有数量庞大的传感器节点。通过这种布置方式可以对空间抽样信息或多维信息进行捕获，通过相应的分布式处理，即可实现高精度的目标检测和识别。另外，也可以降低单个传感器的精度要求。密集布置节点之后，将会存在太多的冗余节点，这一特性能够提高系统的容错性能，对单个传感器的要求大大降低。最后，适当将其中的某些节点进行休眠调整，还可以延长网络的使用寿命。

8. 协作方式执行任务

协作方式通常包括协作式采集、处理、存储和传输信息。通过协作方式，传感器节点可以共同实现对对象的感知，得到完整的信息。这种方式可以有效克服处理和存储能力不足的缺点，共同完成复杂任务的执行。在协作方式下，传感器之间的节点实现远距离通信，可以通过多跳中继转发，也可以通过多节点协作发射的方式进行。

9. 自组织方式

采用自组织方式是由无线传感器自身的特点决定的。由于事先无法确定无线传感器节点的位置，也不能明确它与周围节点的位置关系，同时，有的节点在工作中有可能会因为能量不足而失去效用，则另外的节点将会补充进来弥补这些失效的节点，还有一些节点被调整为休眠状态，这些因素共同决定了网络拓扑的动态性。这种自组织方式主要包括自组织通信、自调度网络功能以及自管理网络等。

二、WSN 的关键技术

由于现实应用往往受环境、价格、体积、能耗、应用功能和效率等因素的影响，一般情况下常涉及以下方面的关键技术。

1. 网络拓扑控制

对于自组织的 WSN 而言，网络拓扑控制具有特别重要的意义。通过拓扑控制自动生成的良好网络拓扑结构，能够提高路由协议和 MAC 协议的效率，可为数据融合、时间同步和目标定位等很多方面奠定基础，有利于节省节点的能量来延长网络的生存期。所以，网络拓扑控制是 WSN 研究的核心技术之一。

2. 网络协议

由于传感器节点的计算能力、存储能力、通信能力以及携带的能量都十分有限，每个传感器节点只能获取局部网络的拓扑信息，其上运行的网络协议也不能太复杂。同时，传感器拓扑结构动态变化，网络资源也在不断变化，这些都对网络协议提出了更高的要求。WSN 协议负责使各个独立的节点形成一个多跳的数据传输网络，目前研究的重点是网络层协议和数据链路层协议。网络层的路由协议决定监测信息的传输路径；数据链路层的介质访问控制用来构建底层的基础结构，控制传感器节点的通信过程和工作模式。

在 WSN 中，路由协议不仅关系单个节点的能量消耗，还关系整个网络能量的均衡消耗，这样才能延长整个网络的生存期。同时，WSN 是以数据为中心的，这在路由协议中表现得最为突出，每个节点没有必要采用全网统一的编址，选择路径可以不用根据传感器节点的编址，更多的是根据感兴趣的数据建立数据源到汇聚传感器节点之间的转发路径。

3. 网络安全

WSN 作为任务型的网络，不仅要进行数据的传输，而且要进行数据采集和融合、任务协同控制等。如何保证任务执行的机密性、数据产生的可靠性、数据融合的高效性以及数据传输的安全性，是 WSN 安全需要全面考虑的内容。

为了保证任务的机密布置和任务执行结果的安全传递和融合，WSN 需要实现一些最基本的安全机制：机密性、点到点消息认证、完整性鉴别、新鲜性、认证广播和安全管理。此外，为确保数据融合后数据源信息的保留，水印技术也成为 WSN 安全的研究内容。

4. 时间同步

时间同步是需要协同工作的 WSN 系统的一个关键机制。如测量移动车辆速度需要计算不同传感器检测事件的时间差，通过波束阵列确定声源位置节点间的时间同步。NTP 协议是 Internet 上广泛使用的网络时间协议，但只适用于结构相对稳定、链路很少失败的有线网络系统；GPS 系统能够以纳秒级精度与世界标准时间（UTC）保持同步，但需要配置固定的高成本接收机，同时在室内、森林或水下等有掩体的环境中无法使用 GPS 系统。因此，它们都不适合应用在 WSN 中。

5. 定位技术

位置信息是传感器节点采集数据中不可缺少的部分，没有位置信息的监测信息通常毫无意义。确定事件发生的位置或采集数据的节点位置是 WSN 最基本的功能之一。为了提供有效的位置信息，随机部署的传感器节点必须能够在布置后确定自身位置。由于传感器节点存在资源有限、部署随机、通信易受环境干扰甚至节点失效等特点，因此定位机制必须满足自组织性、健壮性、能量高效、分布式计算等要求。

根据节点位置是否确定，传感器节点分为信标节点和位置未知节点。信标节点的位置是已知的，位置未知节点需要根据少数信标节点，按照某种定位机制确定自身的位置。在 WSN 定位过程中，通常会使用三边测量法、三角测量法或极大似然估计法确定节点位置。根据定位过程中是否实际测量节点间的距离或角度，把 WSN 中的定位分类为基于距离的定位和无关距离的定位。

6. 数据融合

WSN 存在能量约束。减少传输的数据量能够有效地节省能量，因此在从各个传感器节点收集数据的过程中，可利用节点的本地计算和存储能力处理数据的融合，去除冗余信息，从而达到节省能量的目的。由于传感器节点的易失效性，WSN 也需要数据融合技术对多份数据进行综合，提高信息的准确度。

三、短距离无线通信技术的选择

鉴于上述分析的 WSN 的特点，决定了节点与基站之间的通信只能通过多跳通信来实现，这是典型的短距离无线通信。当前用于短距离无线通信的主要技术有 ZigBee 技术、红外技术、蓝牙技术、Wi-Fi 技术、超宽带无线通信技术等，它们的性能比较如表 1-2 所示。

表 1-2　常见近距离无线通信技术比较

协议	ZigBee	红外 IrDA	蓝牙	Wi-Fi	超宽带通信 UWB
传输媒介	RF	红外线	RF	RF	RF
工作频段	868/915 MHz, 2.4 GHz	820 nm	2.4 GHz	2.4 GHz	3.1–10.6 GHz
数据类型	数据、多媒体	数据	数据、多媒体	数据、多媒体	数据、多媒体
最大速率	0.02/0.04/0.25 Mbps	16 Mbps	1 Mbps	11 Mbps	500 Mbps
传输距离	75 m	0.2~12 m	10~100 m	25~100 m	10 m
传输方式	点到多点	点到点	点到多点	点到多点	点到多点
方向性	全向	<30 度窄角	全向	全向	全向
抗干扰能力	中等	无	中等	高	高
安全性	多安全级别	无	中等	低	强
功耗	低，1~3 mW	低，mW 级	中等，1~100 mW	高，100 mW	超低，<1 mW
成本	很低	低	较低	最高	较低
设备数	65000	2	8	100	多

从表的对比中不难发现，红外技术的传输方向性和无穿透性、蓝牙技术的组网规模、功耗，Wi-Fi 技术的高功耗都成为这些技术的瓶颈，限制了它们在 WSN 中的应用。

而 ZigBee 作为一种新兴短距离无线通信技术，拥有强大的组网能力，网络容量大，具有低功耗、低速率、低时延等特性，同时具备低成本的特点。尽管数据传送速率低，但在无线传感器监测网络这类数据流量较小的应用场合中并不受影响，被广泛用于智能家居、智能楼宇、工业控制、医疗设备等领域。因此，ZigBee 技术当仁不让地成为WSN 的首选通信技术。

相对于其他常见的无线通信标准，ZigBee 协议体系紧凑简单，实现要求很低。总的来看，ZigBee 技术主要有以下特点。

（1）低速率。ZigBee 提供 250 kb（2.4 GHz 频段）、40 kb（915 MHz 频段）和 20 kb（868 MHz 频段）3 种原始数据传输速率，从能耗、成本、效率等角度上讲，能更好地为不同的应用需求提供合适的选择。

（2）低功耗。低功耗是 ZigBee 的最大特点之一。在低耗电待机模式下，2 节 5 号干电池可支持 1 个节点工作 6~24 个月，甚至更长时间，这是 ZigBee 的突出优势。与之相比，蓝牙节点能工作数周，而 Wi-Fi 节点则只能工作数小时。

（3）低成本。ZigBee 设备的复杂度很低，大大降低了硬件成本。而且 ZigBee 可免去协议专利费，使费用进一步降低。

（4）传输距离近。由于 ZigBee 发射功率较小，相邻两节点之间的通信距离一般为10~100 m，在增加 RF 发射功率后通信距离可增加到1~3 km。

（5）数据安全性高。ZigBee 提供基于 CRC 数据包校验，支持鉴权和认证，数据的传输中提供了三级安全模式，加密算法采用 AES-128 对称加密，保证了 ZigBee 协议的数据可以安全地传输。

（6）通信可靠。在数据通信中，ZigBee 的媒体接入控制层（MAC）采用 CSMA/CA 算法，避免了通信中数据之间的竞争和冲突，而且 MAC 层支持采用确认的数据传输模式，能很好地保证数据的可靠传输。

（7）大节点容量。ZigBee 可以采用星形网络、树形网络和网状网络等结构，整个网络由1个主节点管理若干个子节点，理论上整个网络可组成由64000多个节点构成的大型网络，十分适合用于构建大规模 WSN。

（8）自组织、自愈性强。ZigBee 协议可以组成自组织网络，网络节点能自动感知其他相邻节点的存在并确定连接关系，组成结构化的网络。同时，节点的增加、删除或移动，网络都能够自动完成和自我修复，即使在环境条件相对恶劣的情况下，也能够保证整个系统的正常工作。

（9）免许可频段。ZigBee 采用 IEEE 802.15.4 标准，其工作频段属于免注册频段，其中2.4 GHz 可以在全球免许可使用，868 MHz 在欧洲免许可使用，915 MHz 在北美免许可使用，这为相关产品在全球的统一化提供了标准。

基于 ZigBee 技术的 WSN 是典型的低速率、低数据量的大型应用场合，一般来说，1个 WSN 由若干个路由器、若干个终端设备和1个网络协调器组成，可将它们配置为全功能设备或精简功能设备。系统可以根据需要，增加路由节点和终端节点来灵活进行系统的扩展。

第五节　无线传感器网络示例

以 NI WSN 产品为例，WSN 系统（图1-7）包括传感器、传感器节点、WSN 网关、路由器、服务器。

温室大棚分为多个区域，每个区域内布置多个传感器节点，节点采集环境信息并通过无线传输至 WSN 网关，WSN 完成 ZigBee 到以太网通信协议的转换，服务器通过路由器和 WSN 网关处于同一子网内，经过 WSN 驱动完成数据的传输任务。空间分布的测量节点与传感器连接，检测系统状态和运行环境。采集到的数据通过无线传输至网关。网关可以是独立运行的，也可以连接一台可采集、处理、分析和显示数据的主机。

路由节点是一种特殊的测量节点，用于扩张 WSN 的距离和可靠性。

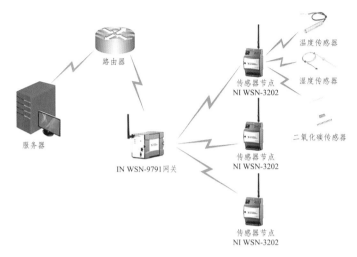

图1-7　WSN 系统框架

一、WSN 网关

　　在 NI WSN 系统中，网关就相当于网络协调员，负责管理节点认证、消息缓冲以及在 IEEE 802.15.4 无线网络和有线以太网络之间建立桥梁。在以太网络中，可以使用各种 NI 软件对测量数据进行采集、加工、分析和显示，也可以在 WSN 中使用多个网关，并通过软件设置每个网关在不同的无线通道中进行通信。可以连接8个 WSN 终端节点（在星形拓扑中）或多达36个 WSN 终端节点（在网状拓扑中）至 WSN 网关。

图1-8　NI WSN-9791 网关

　　NI WSN-9791（图1-8）以太网关协调 NI WSN（WSN）中分布式测量节点与主控制器的通信。网关中，基于 ZigBee 技术的2.4 GHz、IEEE 802.15.4 无线网络能够收集源自 WSN 的测量数据，1个10/100 Mb/s 以太网端口可灵活连接 Windows 或 LabVIEW 实时 OS 主控制器。纳入 WSN-9791 的 NI WSN 软件，可帮助用户快速配置 WSN，并结合 NI LabVIEW 图形化开发环境提取、分析并显示测量数据，支持8个 WSN 终端节点（在星形拓扑中）或最多36个 WSN 终端节点（在网状拓扑中）。

二、传感器节点

　　NI WSN 测量节点可直接与传感器连接，通信可靠，是工业级通信设备。该设备由电池供电，4节5号电池可供设备使用3年。在室外使用时，可在设备外加装NI防护外壳。使用LabView WSN模块可对节点进行编程，灵活定制节点的程序，进行本地分析和控制等操作。

NI WSN-3202测量节点（图1-9）作为一款无线设备，提供4路±10 V模拟输入通道和4路双向数字通道，可以单独将各路数字通道按需要配置为输入、漏极输出或源极输出。18针螺栓端子连接器可直接与传感器连接；设备提供的12 V、20 mA电源输出可以直接为需要外部电源的传感器供电。直接使用4节1.5V、5号碱性电池为该测量节点供电，可持续工作3年；也可采用9~30 V的外部电源供电。

采集节点在2.4 GHz频段上以无线方式将数据传输至WSN以太网关，WSN以太网关进而通过以太网连接至其他网络设备。NI WSN软件可在NI Measurement & Automation Explorer（MAX）中提供简单的网络配置，并搭配NI LabVIEW软件实现数据提取。不可编程的NI WSN-3202不包含使用LabVIEW WSN（WSN）Module Pioneer对节点进行编程的许可证。

NI WSN-3202同时可配置为网状路由器（节点mesh router），以拓展网络距离并且将更多节点连接至网关。最多8个终端节点（在星形拓扑中）或36个终端节点（在网状拓扑中）可连接单一WSN网关，支持最远300 m的户外视距。

图1-9　NI WSN-3202测量节点

三、学生实践平台

广西大学农业物联网学生实践平台采用的整体框架如图1-10所示。农田区域分为荔枝区域和杧果区域，其中都部署了WSN传感器无线节点和视频监控桩。WSN传感器无线节点能收集温湿度、CO_2浓度、pH值、光照等数据；视频监控桩能收集监控数据，并能进行供电及提供 Wi-Fi 网络。两个区域的数据通过光纤回传给服务器。大棚区域包含大棚和监控室。在大棚中，部署了光照传感器、土壤传感器并连接低功耗蓝牙收集数据；还部署了无线 AP，通过蓝牙手机传感器信号，传回监控室。在监控室中，上位机通过无线 AP 收集信号，按协议传回服务器。工作室中的数据云平台负责处理农田区域和大棚区域回传的数据，并将处理后的数据交给 web 端、移动端和微信平台。

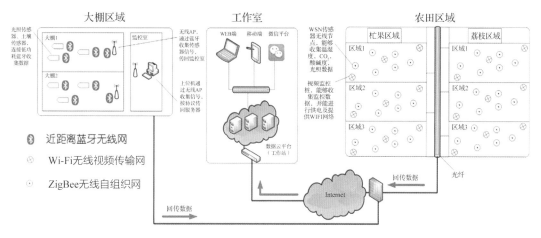

图 1-10　广西大学农业物联网学生实践平台

软件部分可以使用 NI WSN 配套的 LabVIEW 开发环境完成，它是一种类似于 C 语言和 BASIC 语言的程序开发环境，但 LabVIEW 与其他计算机语言有显著区别：其他计算机语言都是采用基于文本的语言产生代码，而 LabVIEW 使用的是图形化编辑语言 G 编写程序，产生的程序是框图的形式。LabVIEW 软件是 NI 设计平台的核心，其开发环境集成了工程师和科学家快速构建各种应用所需的所有工具，运行在服务器上的上位机程序采用 LabVIEW 2013 进行程序开发，软件功能主要分为 4 个部分：实时展示、历史数据查询、节点电压查看、硬件管理。

开发参考步骤如下。

1. 软件的安装

（1）安装 NI MAX。NI MAX 即 NI 的配置管理软件（Measurement & Automation Explorer），便于 PC 与 NI 硬件产品交互。NI MAX 可以识别和检测 NI 硬件，实现数据采集并自动导入 LabVIEW。

NI MAX 整体分 4 个部分(图 1-11)，第一部分是菜单栏，主要包括文件、编辑、查看、工具、帮助等选项；第二部分主要是"我的系统"里面的一些硬件和软件的配置与状态信息；第三部分是本机的系统设置，其中系统配置 web 访问选项可以根据需要选择本地与远程或本地配置；第四部分是本机系统资源的状况。

图1-11 NI MAX 组成

（2）安装 LabVIEW 工具（图1-12）。LabVIEW 是一种用图标代替文本行创建应用程序的图形化编程语言。传统文本编程语言根据语句和指令的先后顺序决定程序执行顺序，而 LabVIEW 则采用数据流编程方式，程序框图中节点之间的数据流向决定了 VI 及函数的执行顺序。VI 指虚拟仪器，是 LabVIEW 的程序模块。

使用 LabVIEW 开发平台编制的程序称为虚拟仪器程序，简称VI。VI 包括3个部分：程序前面板、框图程序和图标/连接器。

程序前面板用于设置输入数值和观察输出量，是模拟真实仪表的前面板。在程序前面板上，输入量被称为控制（Controls），输出量被称为显示（Indicators）。控制和显示以各种图标形式出现在前面板上，如旋钮、开关、按钮、图表、图形等，使前面板直观易懂。

每个程序前面板都对应着一段框图程序。框图程序用 LabVIEW 图形编程语言编写，可以把它理解成传统程序的源代码。框图程序由端口、节点、图框和连线构成。其中端口被用于程序前面板的控制和显示传递数据，节点被用来实现函数和功能调用，图框被用来实现结构化程序控制命令，而连线代表程序执行过程中的数据流，定义框图内的数据流动方向。

图标/连接器是子 VI 被其他 VI 调用的接口。图标是子 VI 在其他程序框图中被调用的节点表现形式；连接器表示节点数据的输入/输出口，就像函数的参数。用户必须指定连接器端口与前面板的控制和显示一一对应。

图1-12　LabVIEW 2013

2. 实现步骤

（1）物理链路连接。组建一个WSN，将传感器、传感器节点、网关和路由器等设备连接好，一个路由器可以连接多个网关，一个网关可以连接多个传感器节点，一个传感器节点可以连接多个传感器，保证物理链路畅通。

（2）添加网关节点（图1-13）。打开NI MAX，通过扫描发现网关，将需要的NI网关添加到MAX中，在MAX中还可以查看网关的名称、IP地址、型号以及系统状态等一系列信息（图1-14）。

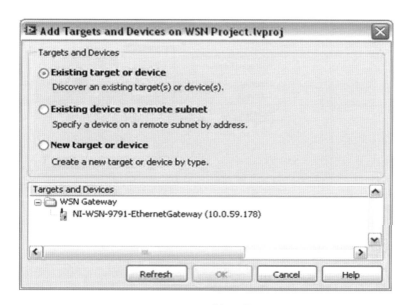

图1-13　选择网关

图1-14　设备状态

（3）添加传感器节点。每个网关都连接几个传感器节点，将所有需要的传感器节点都添加到网关中，添加节点的同时还可以查看节点的类型、编号、ID、最近传输时间、节点电压情况、链路质量以及网络模型和版本号等相关信息。

（4）功能的实现。打开 LabVIEW 程序新建空白项目，右键点击"我的电脑"创建新的终端设备，选择现有设备，勾选 WSN 项目，为新建的项目命名（图1-15），至此在 LabVIEW 中已经新建 VI，在该 VI 中通过项目的节点接口来配合 LabVIEW 实现数据的实时显示、历史数据查看、节点电压监控和硬件管理等功能。

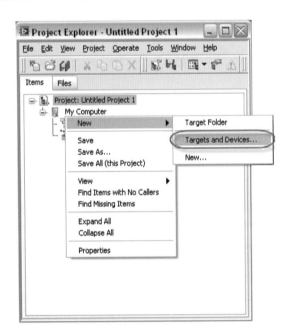

图1-15　项目的建立

3.　系统运行流程

NI WSN-3202传感器节点将各传感器采集到的信息转换成温度、湿度和 CO_2 浓度数据，通过 WSN 将转换的数据传输至 NI WSN-9791网关节点，然后路由器将网关分析、处理过的数据转发到客户端的上位机，上位机接收到信息后便进行数据处理与存储，之后调用存储的数据绘制出区域温度、湿度及 CO_2 浓度的图形展示界面和其他指标图形。整套流程框图如下（图1-16）。

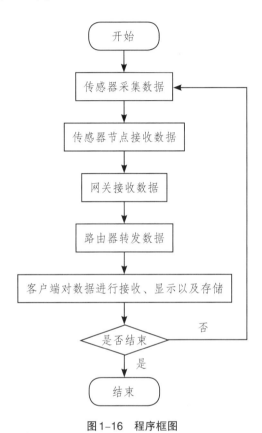

图1-16　程序框图

4. 系统展示

登录界面：用户可通过输入用户名和密码登录监测平台（图1-17）。

图1-17　登录界面

基地管理：通过地图，可查看各个基地的位置和基地的详细信息，方便对各个基地进行管理（图1-18）。

图1-18　基地管理

点击进入所属基地，查看WSN传感器无线节点收集的温度、湿度、CO_2浓度等数据后回传给服务器，服务器经过处理后将结果通过手机App的展示数据（图1-19）。系统还支持历史数据查看，可查看指定时间、指定大棚区域温度、湿度、CO_2浓度等信息。

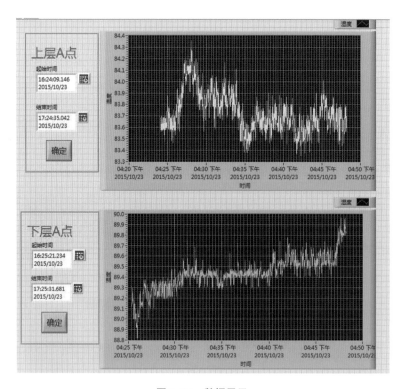

图1-19　数据显示

第三章　专家数据库

以"互联网＋"为驱动，可以助力提升各个产业智能化水平，实现生产全过程的信息感知、自动控制、智能决策和精准管理。专家数据库（图1-20）立足于此，利用已有的硬件检测设施，将采集得到的数据进行清洗和深度加工，再以直观的形式展现在网页中。

图1-20　专家数据库

第一节　系统功能描述

许多产业对数据的精确性有极高的要求，以南宁市武鸣区伊岭岩为例，其周边分布着大量蘑菇大棚种植基地。蘑菇对环境要求极高，不同生长期对应不同的环境参数，在大棚内，常设有温度调节、湿度调节、通风等装置，一旦在某个生长期内环境参数出现异常，种植者就会面临歉收的风险。物联网系统可实时监测不同农作物基地的各种环境参数，如大棚和堆料中的温度、湿度、CO_2浓度等，及时启动数据采集并筛选后存入专家数据库，同时通过系统自主管理的云平台进行历史数据在线分析和深度挖掘（图1-21）。专家数据库最大的特色在于可动态配置，每个基地配套一个专家的服务，以他们的配置为参考，进行环境参数的实时监控和反馈控制，从而将种植者的投资风险降到最低。

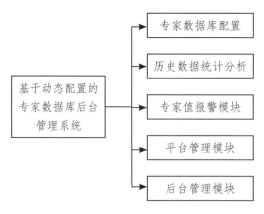

图1-21　系统功能结构图

1. GIS 登录模块

GIS 登录模块主要负责系统用户（基地管理员）的登录。系统用户选择 GIS 地图上的坐标点进入登录页面，并根据相应分配的账号登录进入相应行业首页。系统用户必须选择对应行业的坐标点才能进入正确的页面，否则判断为错误操作。

2. 权限管理模块

权限管理模块主要负责对用户权限进行控制、分配和管理，权限由低到高依次为普通用户、基地管理员、平台管理员。平台管理员设置行业信息（如香蕉、荔枝）后进行基地管理权限的配置，可对基地管理员、普通用户进行增加、删除、修改、查看等操作；基地管理员设置本行业环境参数及生长周期，可对普通用户进行增加、删除、修改、查看等操作；普通用户可查看相关数据，但不能进入后台管理页面。

3. 专家值报警模块

专家值报警模块的参数值报警功能建立在本行业的基地管理员所配置的专家值一览表的基础上，可达到实时监控的目的。基地管理员进入后台配置该行业各时期的所有参数的专家值（标准范围）后，在动态图中以警戒线的方式显示，当某一时刻某一参数值超出范围后，网页会显示报警信息（图1-22）。

以蘑菇种植行业为例，专家值报警模块初步设定温度、湿度、CO_2、电压参数，进入温度、湿度、CO_2菜单后，可选择对应区域（如蘑菇房上层），便可查看该区域的以图表展示的实时数据，用户也可根据专家值观测当前数据是否合格。

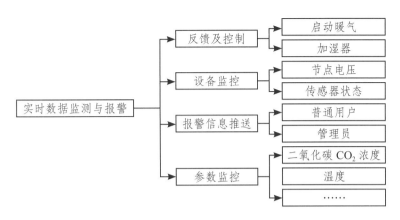

图1-22　实时数据监测与报警模块图

4. 历史数据统计与分析模块

历史数据统计与分析模块（图1-23）主要负责向普通用户展现不同环境参数的历史值，同时为其提供经过专家值评估和后期统计的具有建议性的数据，来自不同行业的用户只能访问到相应行业的历史数据。首先是利用来自专家数据库的标准化数据将所有时期与相应的参数进行匹配，以柱状图展示各个时期的不同参数的平均值，并以专家值作为对比的依据，用户可凭借此数据调整生产环节以达到参数优化的目的。其次是汇总本季度的所有数据，结合专家值的设置，在专家值范围内则处于作物的安全期，超出则处于危险期，以饼图的形式展示安全期和危险期的比例，用户可据此通过更新设备、优化参数来达到增大安全期比例的目的。最后是以日志的形式记录所有异常信息，每次异常发生的参数值和对应的时期以及此时生产状况的快照都将被罗列在此日志中，以便用户判断异常产生的原因并做相应的调整。

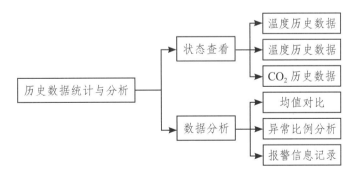

图1-23　历史数据统计与分析模块图

5. 专家值设置模块

专家值设置模块（图1-24）为种植者提供了农作物生长环境参数调控的标准。专家值设置的数据全部来自专家数据库，在采集的原始数据的基础上进行数据清洗和筛选之后构成数据源，将数据源中的数据和专家数据库中的数据进行对比和分析并形成相应的记录反馈给用户。

普通用户即农作物种植者，只能访问本基地已经配置好的专家值，并接收与专家值对比之后反馈的报警信息。针对种植基地的管理员，则有权访问本基地所有专家值并对其进行增加、删除、修改、查看进行专家值的增删改查，还可以随时选取本基地的部分参数动态制定专家值一览表，从而为不同用户量身定制参数标准，向他们展示所需要的参数内容。平台管理员可以修改所有系统内不同基地的所有专家值，配置任意基地的专家值，并增加新入驻的行业或种植基地或对已有行业进行修改、删除，还可以为每个行业在 GIS 上的位置坐标进行增加、删除、修改、查看，这也会相应地反映在 GIS 地图上，供用户在登录之前进行选择。除供用户和管理员直接访问和使用外，前台动态数据实时展示模块的专家值也取自此处，用于与实时数据对比，从而发出报警信息。设备管理中的设备安全日志记录也以专家值为依据进行记录。专家值参考流程如图1-25所示。

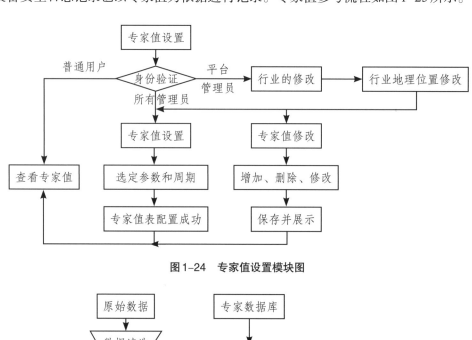

图1-24 专家值设置模块图

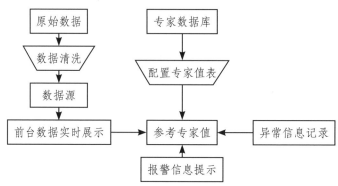

图1-25 专家值参考流程图

6. 个人管理模块

个人管理具有3个模块（图1-26）。

（1）个人信息管理。该模块主要负责用户的个人信息的增加和修改。用户可完善个人信息，如填写联系方式、地址等，便于管理员对用户的管理，同时用户可修改用户名和密码。

（2）信息推送。数据源中的数据与专家值对比出现越界时会发出警告信息，行业动态信息也会实时更新并推送。当后台管理员将专家值做相应修改时，服务器会立即生成一条动态更新提示，提示用户原来的专家参考值有变动，请注意查看。

（3）在线留言。该模块负责接收用户的留言。用户可进入个人中心进行留言，如对本系统的建议或意见、个人想法等，管理员会在后台接收留言并做出相应的处理。

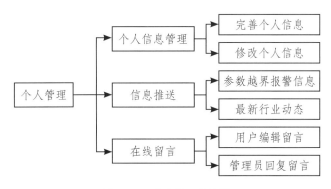

图1-26　个人管理模块图

7. 后台管理模块

后台管理模块具有4个小模块（图1-27）。

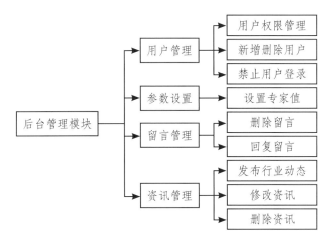

图1-27　后台管理模块图

（1）用户管理。该模块负责管理用户，包括用户权限设置、增加删除用户、禁止用户登录等。

（2）参数设置。该模块负责专家值（环境参数标准值）的设置，不同时期用户所关注的参数有所不同，设定受关注的专家值，更有利于用户进行分析和决策。

（3）留言管理。用户可以在该模块中向管理员反馈对专家值的疑惑和意见，管理员可在该模块进行答疑和修正专家值。

（4）资讯管理。除提供数据参考外，还有最新动态提供给决策者作为辅助分析。

第二节　数据库设计

1. 用户操作记录表（UserOpLog）

用户操作记录表见表1-3。

表1-3　用户操作记录表

字段名	属性	备注
ID	PK，AUTO，INT	自增主键
Uid	INT	操作人的用户ID
OperateInfo	VARCHAR（255）	操作的详细信息
OperateTime	DATETIME	操作时间
OperateType	TINYINT	操作类型—增删改

2. 后台访问日志表（AccessLog）

后台访问日志表见表1-4。

表1-4　后台访问日志表

字段名	属性	备注
ID	PK，AUTO，INT	自增主键
UserName	VARCHAR（50）	用户名
Urlparam	VARCHAR（255）	访问的Url路径
Time	DATETIME	访问的时间
Other	VARCHAR（255）	保留
IPAddress	VARCHAR（15）	该用户执行操作时的IP地址

3. 报警信息表（Warning）

报警信息表见表1-5。

表1-5　报警信息表

字段名	属性	备注
ID	PK，AUTO，INT	自增主键
Info	VARCHAR（500）	报警信息
WarnTime	DATETIME	报警时间
NodeId	VARCHAR（40）	报警对应的节点
UpDown	VARCHAR（40）	报警对应的上下层

4. 留言表（Message）

留言表见表1-6。

表1-6　留言表

字段名	属性	备注
ID	PK，AUTO，INT	自增主键
UserName	VARCHAR（50）	用户名
Message	VARCHAR（1000）	留言信息
PostTime	DATETIME	发布时间
Content	VARCHAR（1000）	发布内容
Email	VARCHAR（100）	用户邮箱
Phone	VARCHAR（11）	用户手机号

5. 资讯表（Topic）

资讯表见表1-7。

表1-7　资讯表

字段名	属性	备注
ID	PK，AUTO，INT	自增主键
Title	VARCHAR（50）	资讯标题
Content	VARCHAR（2000）	资讯内容
Type	INT	资讯类型（可选）

续表

字段名	属性	备注
PostTime	DATETIME	发布时间
PostPeople	VARCHAR（50）	发布作者
Status	INT	资讯状态
VisitedCount	INT	访问次数

6. 用户信息表（User）

用户信息表见表1-8。

表1-8 用户信息表

字段名	属性	备注
ID	PK，AUTO，INT	自增主键
UserName	VARCHAR（50）	用户名
Password	VARCHAR（255）	MD5加密后的密码
RealName	VARCHAR（50）	真实姓名
Level	TINYINT	用户等级
Status	TINYINT	用户状态
CreateTime	DATETIME	创建时间
Email	VARCHAR（100）	用户邮箱
Telephone	VARCHAR（11）	电话号码
Other	VARCHAR（50）	保留

7. 温度表（Temperature）

温度表见表1-9。

表1-9 温度表

字段名	属性	备注
ID	PK，AUTO，INT	自增主键
Area	VARCHAR（225）	区域（分蘑菇房与堆料）
Level	VARCHAR（225）	层别，上层或下层
Node	VARCHAR（225）	节点名
Serial	VARCHAR（225）	接口名
Temperature	DOUBLE	温度值
RealTime	TIMASTAMP	数据时间

8. 湿度表（Humidity）

湿度表见表1-10。

表 1-10　湿度表

字段名	属性	备注
ID	PK，AUTO，INT	自增主键
Area	VARCHAR（225）	区域（分蘑菇房与堆料）
Level	VARCHAR（225）	层别，上层或下层
Node	VARCHAR（225）	节点名
Serial	VARCHAR（225）	接口名
Humidity	DOUBLE	湿度值
RealTime	TIMASTAMP	数据时间

9. 专家值表（Expert）

专家值表见表1-11。

表 1-11　专家值表

字段名	属性	备注
ID	PK，AUTO，INT	自增主键
Industry	VARCHAR（50）	行业名
Time	VARCHAR（50）	生长时期名
Param	VARCHAR（50）	环境参数名
Value	VARCHAR（50）	参数值
Datetime	TIMASTAMP	最近配置时间

10. 二氧化碳表（Carbon Dioxide）

二氧化碳表见表1-12。

表 1-12　二氧化碳表

字段名	属性	备注
ID	PK，AUTO，INT	自增主键
Area	VARCHAR（225）	区域（分蘑菇房与堆料）
Level	VARCHAR（225）	层别，上层或下层
Node	VARCHAR（225）	节点名
Serial	VARCHAR（225）	接口名
CarbonDioxide	DOUBLE	二氧化碳值
RealTime	TIMASTAMP	数据时间

11. 电压表（Voltage）

电压表见表1-13。

表1-13 电压表

字段名	属性	备注
ID	PK，AUTO，INT	自增主键
Area	VARCHAR（225）	区域（分蘑菇房与堆料）
Level	VARCHAR（225）	层别，上层或下层
Node	VARCHAR（225）	节点名
Voltage	DOUBLE	电压值
RealTime	TIMASTAMP	数据时间

12. 行业表（Industry）

行业表见表1-14。

表1-14 行业表

字段名	属性	备注
ID	PK，AUTO，INT	自增主键
Name	VARCHAR（50）	行业名称

13. 行业地点表（Industry-postion）

行业地点表见表1-15。

表1-15 行业地点表

字段名	属性	备注
ID	PK，AUTO，INT	自增主键
Code	VARCHAR（20）	代号
Name	VARCHAR（50）	行业名称
Position	VARCHAR（80）	地点名
Longitude	DOUBLE	经度
Latitude	DOUBLE	纬度
Other	VARCHAR（100）	扩展字段

14. 留言回复表（Msg-reply）

留言回复表见表1-16。

表1-16 留言回复表

字段名	属性	备注
ID	PK，AUTO，INT	自增主键
Username	VARCHAR（255）	回复人用户名
Content	VARCHAR（500）	回复内容
PostTime	TIMASTAMP	回复时间
Msg_id	INT	回复留言ID
Message_index	VARCHAR（11）	同一留言回复索引

15. 数据项说明

数据项说明见表1-17。

表1-17 数据项说明表

数据项名	数据项含义	别名	数据类型	取值范围	取值含义
Area	标识蘑菇房和堆料的区域	区域	nchar（10）		A：蘑菇房 B：堆料
Level	标识区域是否分层	分层	nchar（10）		Up：上层 Down：下层 NULL：不分层
Node	唯一标识传感器的节点	传感器节点	nchar（10）		
Serial	标识传感器的接口	传感器接口	nchar（10）		
Temperature	标识测量出来的温度值	温度值	float	0~100	记录测量出来的温度值
Humidity	标识测量出来的湿度值	湿度值	float	0~100	记录测量出来的湿度值
CarbonDioxide	标识测量出来的二氧化碳浓度值	二氧化碳浓度值	float	0~1	记录测量出来的二氧化碳浓度值
Voltage	标识传感器节点电池的电压	电压值	float	0~10	记录测量出来的电压值
RealTime	标识测量数据时的当前时间	时间值	datetime		记录测量数据时的当前时间值

16. 数据结构设计与说明

数据结构设计与说明见表1-18。

表1-18 数据结构设计与说明

数据结构名	含义说明	组成
Temperature（温度）	是温度管理系统的主体数据结构，定义了温度的有关信息	区域，层次，传感器节点，传感器接口，温度值，时间值
Humidity（湿度）	是湿度管理系统的主体数据结构，定义了湿度的有关信息	区域，层次，传感器节点，传感器接口，湿度值，时间值
CarbonDioxide（CO_2）	是二氧化碳管理系统的主体数据结构，定义了二氧化碳的有关信息	区域，层次，传感器节点，传感器接口，二氧化碳浓度值，时间值
Voltage（电压）	是电压管理系统的主体数据结构，定义了传感器电压的有关信息	区域，层次，传感器节点，电压值，时间值

17. 处理过程

处理过程见表1-19。

表1-19 处理过程表

处理过程	说明	输入数据流	输出数据流	处理
存储数据	数据存储到数据库中	温度，湿度，二氧化碳，电压	温度，湿度，二氧化碳，电压	记录数据的区域，是否分层，传感器节点，传感器接口，数据值，存储时间
读取数据	数据从数据库中读取出来	温度，湿度，二氧化碳，电压	温度，湿度，二氧化碳，电压	读取数据的区域，是否分层，传感器节点，传感器接口，数据值，存储时间
显示数据	将读取出来的数据在一个窗口上面显示	温度，湿度，二氧化碳，电压	温度，湿度，二氧化碳，电压	显示数据的值和时间

第三节 专家库动态配置展示

在图1-28中选好参数提交，即可展示表1-20的数据表格，图1-28可以进行专家值的增加、删处、修改、查看。这些配置项目（生长周期、温度、湿度等）和指定参数（每个周期对应的最高和最低温度等）将直接写入后台数据库，启动各个周期内各项指标的阈值报警和控制反馈。

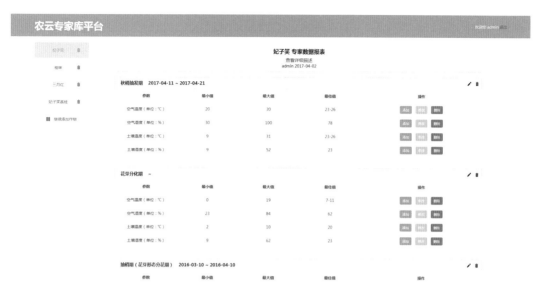

图1-28 专家值配置界面

表1-20 配置后的专家值一览表

物候期	CO₂ （％）	光照 （lx）	氧气 （％）	温度 （℃）	湿度 （％）
萌芽期	34%～45%	7	24%～29%	23～29	22%～29%
授粉期	24%～29%	8	34%～45%	25～30	33%～43%
凋谢期	34%～45%	9	33%～43%	22～24	33%～35%
胚芽期	33%～43%	9	24%～29%	23～29	33%～35%
播种期	23%～30%	8	33%～43%	23～30	33%～35%
开花期	22%～29%	7	34%～45%	33～35	22%～29%

第四章 基于区块链的农产品溯源

随着人们生活水平的提高，农产品的质量安全越来越受到重视。农产品质量安全问题不仅关系到公众的身体健康，而且对农业发展、农民增收、农业贸易和农业现代化建设具有重大的影响，成为新时期我国农产品生产和供给急需解决的一个重要课题。要提高农产品优质生产和消费安全，须解决农产品"从田见到餐桌"全程所面临的问题。

20世纪90年代，欧盟提出了"溯源"这一概念以应对"疯牛病"事件引发的食品安全问题，此后通过逐步发展和完善，溯源成为了保证食品供应链从农田到餐桌（farm-to-fork，F2F）的透明和安全的重要举措。目前，供应链溯源已成为约束和规范链条上核心企业供应、生产、销售等过程的重要手段，最终服务消费者。我国在2019年重新对溯源进行了标准化的定义，即通过记录和标识，追踪和追溯客体历史、应用情况或所处位置的活动。在供应链溯源中，所追溯的客体是产品，重点在于跟踪产品在供应链网链结构中的流通信息。

溯源系统是基于追溯码、软硬件及网络，实现现代化管理和获取产品溯源过程数据的软件。溯源系统能够为购买产品的消费者提供安全保障，当产品出现问题时，能够为监管部门提供快速定责和追责的渠道。现有的溯源系统大多以 B/S 架构进行设计为主，以 web 页面和小程序作为前端，而后端负责实现溯源业务逻辑、处理溯源信息并进行数据管理，在技术层面上通常使用条码以及物联网技术来记录产品在供应链中的流通信息，并记录到数据库中进行存储。消费者通过智能设备 App、小程序扫码或在网页端输入溯源编号，溯源系统即可通过后端将采集到的数据从数据库中查询取出，并返回到消费者界面。然而，单一中心化的数据库存储并不能保证数据的可靠性，使传统溯源系统难以提供可信的溯源信息。

区块链作为由多方共同参与维护的点对点分布式账本技术，集成了分布式存储、密码学、共识机制和智能合约等技术，其最早作为比特币交易的基础支撑技术，由学者中本聪在2008年提出。区块链结构由按时间顺序生成的区块链接而成，区块头包含前一区块哈希、当前区块哈希和时间戳等信息，区块体存放着以 Merkle 树形式组成的交易数据，因此具有不可篡改、可追溯等特点。得益于上述优势，引入区块链技术到现有的供应链溯源系统中作为连接供应链上下游各参与方的信任桥梁，将产品供应、生产、加工、运输和销售等过程的信息写入区块链分布式账本中，能够有效地实现溯源数据透明、不可修改、真实可信，在此基础上开发可信的溯源系统，最终实现产品在供应链全流程的完整可信溯源。

2018年10月，可信区块链推进计划组织联合中国信息通信研究院、百度、智链等多家单位和企业共同起草并发布了《区块链溯源应用白皮书》的首个版本。该白皮书主要讨论区块链技术与溯源场景的深入契合，为可信溯源系统提供了统一的设计与开发标准，旨在加快推进区块链技术在溯源应用场景的落地实现。近年来，工业界的一些厂商开始构建基于区块链的可信溯源系统并提供服务。Everledger在早期开发了用于钻石和奢侈品的区块链溯源系统，通过记录钻石克拉数、大小、形状、序列号等特征并存储在区块链上，实现对钻石的防伪追溯。IBM以超级账本项目为基础，为沃尔玛构建猪肉和杧果的区块链可信溯源系统并投入运营，实现全球范围内的食品可信追溯，同时期为航运巨头马士基构建区块链物流平台TradeLens，实现货物可信追溯。上海唯链信息科技有限公司开发了用于奢侈品和高端洋酒的区块链溯源App，当手机开启NFC功能并轻贴在商品的标签上时，可自动读取标签上所存储的信息，查询商品真伪及其溯源信息。蚂蚁区块链结合追溯码和NFC技术，将跨境商品从生产到通关的全流程记录在链上，实现五常大米、跨境商品的可信溯源。京东数科开发的京东区块链防伪溯源平台实现了白酒、奶制品等产品的可信溯源。随着区块链技术的成熟与相关标准的制定，未来将会有更多区块链可信溯源系统落地应用。

第一节　农产品溯源概述

农产品溯源系统（图1-29）是指追踪农产品（包括食品、生产资料等）进入市场各个阶段（从生产到流通的全过程）的系统。涉及农产品产地、加工、运输、批发及销售等多个环节，有助于产品质量控制和在必要时召回产品。采用农产品溯源系统可以实现产品从源头到加工流通过程的追溯，保证终端用户购买到放心产品，防止假冒伪劣农产品进入市场。

图1-29　农产品溯源系统

农产品溯源系统可将农产品生产、加工、销售等过程的各种相关信息进行记录并存储，并通过食品识别号在网络上对该产品进行查询认证，追溯其在各环节中的相关信息。该系统已在部分发达国家的食品安全领域中发挥着重大作用。

第二节 区块链技术

区块链技术是一种以分布式存储、共识机制、密码学为基础的分布式记账技术，具有去中心化、去信任、不可篡改、留痕可追溯、高可用等特性，与供应链溯源业务的需求十分契合，为实现供应链可信溯源提供新的思路。将区块链的优势与供应链溯源相结合，构建基于区块链的溯源系统，能够有效解决传统溯源系统存在的各方信任度低、数据中心化存储、易篡改、难以准确追溯等问题，提高追溯的透明度与可信性，降低追溯成本。

近年来，国内外学者对区块链技术在不同供应链溯源场景下的应用进行研究，借助区块链技术的独特优势，解决现有供应链溯源存在的信息不对称、数据中心化存储、数据可信性等问题。图1-30给出了一个典型区块链系统的架构模型。

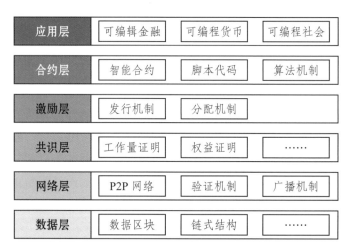

图1-30 区块链基础架构模型

一、Fabric 概述

超级账本 Hyperledger Fabri 是由 Linux 基金会发起创建的分布式账本开源项目，其主要代码由 IBM、英特尔等公司贡献，该项目的早期版本于2015年12月发布，创立之初即受到广泛关注，如今已发展成为区块链社区中最受欢迎的企业级联盟区块链平台之一。不少企业在该项目的基础上做修改和适配，构建相应的企业级联盟链服务平台。

Hyperledger Fabric 具有模块化、可扩展的优点，同时不需要发行代币。Fabric 设计了成员服务提供者（membership service providers，MSP）的准入机制，网络成员通过 CA 节点注册和颁发证书及私钥才具备联盟链网络的准入条件。Fabric 网络中的实体包括 CA 节点、Client 节点、peer 节点和 Orderer 节点。其中，CA 节点负责颁发 MSP 和 TLS 证书及相应私钥；Client 节点是用户交互的实体，可选定为 peer 节点或 Orderer 节点；peer 节点负责交易的执行，按照功能可划分为背书节点（endorser）和记账节点（committer），负责维护区块链分布式账本和状态数据库，部署和运行链上代码；Orderer 节点负责对收到的交易进行排序，打包区块并广播到网络中各节点，确保交易的分布式一致性，这个过程也被称为共识。

Fabric 支持多种可插拔的共识机制：单节点的 Solo 共识、多节点高可用的 Kafka 和 Raft 共识集群。用户可以根据业务的需求自定义配置 Fabric 中的共识机制。Fabric 所支持的高可用、高并发的共识机制以提高交易效率为目标，相于比特币的 POW 和以太坊的 POS 共识机制，其无须耗费大量算力进行挖矿。

智能合约在 Fabric 中称为链上代码（chaincode），简称链码，用于实现外部客户端与区块链交互的逻辑。链上代码包含系统链码和用户链码，系统链码负责实现区块链系统中交易的背书、验证、系统配置和链码生命周期等功能；用户链码由开发者根据业务逻辑编写以实现特定的功能，包括链上查询、发起交易等。链上代码支持以 Golang、Java 或 Node.js 语言进行编写，并安装部署在 Fabric 网络的节点中，以 Docker 容器的形式运行。客户端通过发起 gRPC 调用来触发链上代码的执行，对 Fabric 分布式账本上的数据进行交互操作。

Fabric 中的通道机制（channel）为 2 个及以上的网络成员提供私密交易和数据隔离的"子网"环境，由网络组织（Org）、peer 节点、Orderer 节点加入组成。通道内部具有单独的分布式账本，加入同一通道的成员节点共同维护该通道的账本，并可以在通道内安装智能合约来对账本进行读写，因此在一些场景中通道又可视作从链。

二、Fabric 交易原理

Fabric 使用执行 – 排序（eXecute–Order，XO）的交易模型，Fabric 的交易过程可以分为模拟执行阶段、排序阶段以及验证与提交阶段。

在模拟执行阶段，客户端向 peer 节点发起交易提案，根据背书策略收集部分或每个 Org 中节点的签名。随后交易提案被发送至背书策略规定的节点，让背书节点模拟执行该交易的过程，背书节点内部构建与之相关的读集和写集，读集获取交易提案的版本号，写集用于保存智能合约模拟执行该交易之后的结果。背书节点将模拟执行的结果读写集及其签名返回给客户端，当读写集的结果匹配时，客户端发送正式的交易提案给排序节点。

在排序阶段中，Orderer 节点根据交易到达的顺序进行处理，将一笔或数笔交易打包为区块的形式并输出，广播到网络中所有的 peer 节点通过 Gossip 协议确保每个 peer 节点获取到的区块的一致性。

在验证阶段与提交阶段中，每个 peer 节点接收到产生的区块后，验证区块中交易的背书节点签名是否一致，以确认交易是否在执行过程中被篡改，若检测到背书节点签名不一致时，则将该交易丢弃。同时，验证阶段还对区块内的交易进行序列化检查，即通过读写集的状态来检查区块内交易的版本号是否一致，从而判定该交易是否有效。经过验证后，区块内有效的交易被保留下来，并且区块将被追加到节点的分布式账本中存储。

三、区块存储结构

区块存储结构是通过哈希算法将交易后产生的区块连接起来的链式数据结构。区块主要包含区块头和区块体 2 个部分，区块头记录着前一个区块的哈希值和 Merkle 根的哈希值；区块体则存储着本区块内的所有交易数据，以 Merkle 树来表示，树中的非叶子节点存储其子节点的哈希值，叶子节点存储交易数据内容。访问控制机制的区块存储结构如图 1-31 所示。

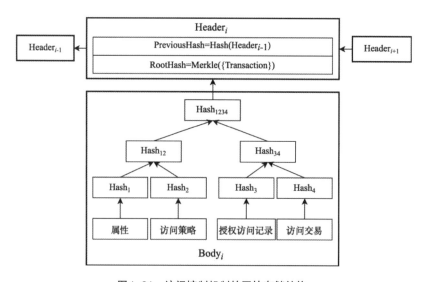

图 1-31　访问控制机制的区块存储结构

区块中 Merkle 树的叶子节点存储着访问控制事务的相关数据，包括属性、访问策略、授权记录以及发起访问时提交的交易，叶子节点的交易数据在经过哈希函数运算后，将被存储在其父节点中，递归这一过程直到生成唯一的 Merkle 根哈希存储在区块头部。

通过区块头部的 Merkle 根哈希就可以间接校验交易数据是否被篡改，保护交易数据不被篡改和安全存储。

第三节 农产品溯源系统总体架构

基于区块链和访问控制的供应链溯源系统总体架构自顶向下分别为用户层、应用层、数据层和采集层4层架构，如图1–32所示。

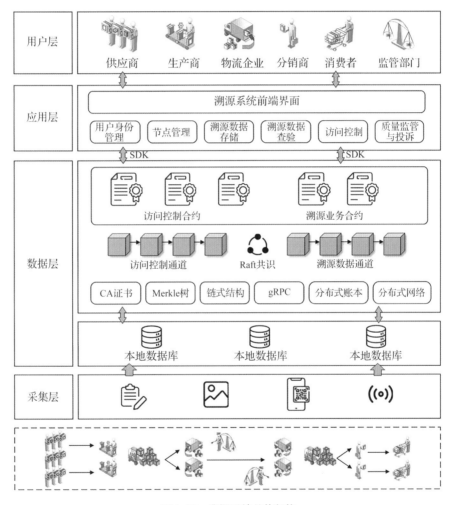

图1–32 溯源系统总体架构

（1）用户层。包含供应商、生产商、物流企业、分销商、消费者和监管部门等参与供应链溯源系统的不同实体。供应链实体在系统的区块链网络中对应不同的组织，组织中的用户与其组织内的节点连接交互，以不同的身份进入系统和区块链网络。

（2）应用层。由溯源系统的前端界面与后端系统组成。前端界面负责为用户层提供便捷的人机交互接口和可视化展示。后端系统负责溯源业务逻辑的实现，封装一系列功能函数，并为前端开放 RESTful API 调用，包含用户身份管理、节点管理、溯源数据存储、溯源数据查验、访问控制、质量监督与投诉等主要功能模块，通过区块链的 SDK 工具接入数据层中的区块链网络。

（3）数据层。区块链子层为 Hyperledger Fabric 搭建的联盟区块链网络，为供应链溯源业务提供可信数据服务，包含智能合约、多通道架构和共识机制。智能合约由访问控制合约和溯源业务合约组成，分别负责在区块链子层处理访问控制事务和实现供应链溯源业务。借助区块链的多通道特性，在链上构建访问控制通道和溯源数据通道，其中访问控制通道负责维护存储访问控制相关信息的分布式账本，而溯源数据通道负责维护存储产品溯源信息的账本，实现不同数据的隔离存储，区块链网络中组建的 Raft 共识集群实现交易数据的分布式一致性。链下子层为溯源系统提供链下辅助存储服务，旨在减轻区块链节点服务器内状态数据库的存储压力，同时提高溯源信息的存取效率。链下层在本地部署关系型数据库，负责备份存储已成功上链的溯源信息，加快可信溯源信息的查询获取。

（4）采集层。在溯源系统采集层部署设备，负责产品溯源信息的采集和输入。供应链上各环节通过部署智能手机、无线传感器等数据设备，采集并获取产品在生产、制造、运输和销售等所有环节中产生的信息。采集层还包括供应链上各环节企业员工的手动录入，将产品过程信息上传到系统中。

第四节　智能合约

溯源业务的实现需要借助智能合约，将溯源数据上传到链上进行可信存储。溯源系统的区块链中既包括溯源业务合约，还包括访问控制相关合约。本节对溯源业务中的溯源数据合约 TraceSC 和质量监管与投诉合约 ComplainSC 进行设计，具体包含溯源数据结构体设计和合约函数接口设计。

一、溯源数据结构体设计

1. 溯源数据结构体设计

供应链中供应、生产、物流、分销各环节的产品流转信息通过 TraceSC 合约上传到区块链内的溯源数据通道进行分布式可信存储，因此需要分别对各环节上传数据结构体及其字段进行设计。

供应环节溯源数据结构体 SupplyInfo 如表 1-21 所示，包含供货编号、供应商名称、货物名称、供货时间等字段。

表1-21　供应环节溯源数据结构体

结构体名称	字段名称	数据类型	字段含义
SupplyInfo	supplyID	string	供货编号
	supplier	string	供应商名称
	addr	string	供应商地址
	goods	string	货物名称
	supTime	datetime	供货时间
SupplyInfo	material	string	原材料信息
	sampling	boolean	是否抽检
	exportNum	int	供货数量
	destination	string	订货方
	supplyPrice	float64	供货价格
	materialDetail	string	原材料成分及规格

生产环节溯源数据结构体 ProductionInfo 如表1-22所示，包含生产编号、生产环境、生产日期等字段。

表1-22　生产环节溯源数据结构体

结构体名称	字段名称	数据类型	字段含义
ProductionInfo	productionID	string	生产编号
	product	string	产品名称
	factory	string	生产商名称
	addr	string	产地及地址
	productionDate	datetime	生产日期
	productionEnv	string	生产环境
	qualification	string	质检信息
	license	string	生产许可
	productionNum	int	生产数量
	cost	float64	生产成本

物流运输环节溯源数据结构体 TransportInfo 如表1-23所示，包含运输编号、承运企

业、运输状态等字段。

表1-23　物流运输环节溯源数据结构体

结构体名称	字段名称	数据类型	字段含义
TransportInfo	transportID	string	运输编号
	transportCom	string	承运企业
TransportInfo	transportState	string	运输状态
	vehicle	string	运输车辆
	route	string	运输路线
	receiver	string	收货人
	vehicleInfo	string	车辆信息
	trafficInfo	string	路途信息
	driver	string	承运人
	cost	float64	运输成本
	transportNum	string	运输产品数量

分销环节溯源数据结构体 SalesInfo 如表1-24所示，包含销售批次、销售企业、销售价格等字段。

表1-24　分销环节溯源数据结构体

结构体名称	字段名称	数据类型	字段含义
SalesInfo	salesID	string	销售批次
	salesCom	string	销售企业
	salesTime	datetime	销售时间
	price	float64	销售价格
	salesNum	int	销售数量
	importPrice	float64	进货价格
	seller	string	销售员

产品从供应环节开始通过溯源数据合约记录溯源数据，而后各环节的数据都由该合约上传到链上存储，产生如图1-33所示的区块存储结构。在这一过程中，需要将每个产品使用唯一的溯源编号 traceID 进行标识，以确保产品在流通时可以根据其溯源编号进行信息录入，traceID 由系统自动生成。在产品 traceID 的基础上，各个环节中的主键

supplyID、productionID、transportID 和 salesID 追加对应环节名称，这样既可以在每个环节中唯一标识该产品，又便于供应链末端对每个环节溯源数据的查询检索。在查询溯源数据时，通过依次查询各环节的主键，可以分别获取产品在供应、生产、运输、销售环节所上传的溯源数据，再对各环节数据进行拼接、组合，形成完整的产品溯源信息。

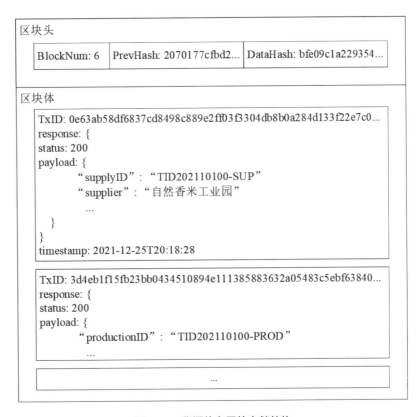

图1-33　溯源信息区块存储结构

在溯源业务场景下，溯源数据按重要程度可进一步划分为关键溯源数据和详细溯源数据，以实现最大程度的公开追溯和有效的隐私保护。

关键溯源数据由各环节标识产品流转的关键信息组成，用于产品追溯信息的公开展示，方便以消费者为主的群体进行溯源查询。关键溯源数据能够描述产品流通过程，而不涉及供应链上企业的隐私和利益相关信息，这些信息存储在区块链的溯源数据通道，由通道内各节点的账本分布式记录，使之不被任意篡改。

详细溯源数据包含产品在供应链流转过程中，各环节企业或部门产生的不便于公开展示的详细信息。这些信息具有一定的隐私性，但非常有利于问题产品的定责，也同样存储在区块链溯源数据通道，对外限制访问，仅用于企业内部、合作企业间的部分数据共享以及监管部门的追责、定责等必要用途。详细溯源数据由供应链企业在监管部门参与下进行制定划分，表1-25给出了供应链关键与详细溯源数据示例。

表1-25 供应链关键与详细溯源数据示例

供应链环节	关键溯源数据	详细溯源数据
原材料供应	供货编号、供应商名称、供应商地址、货物名称、供货时间、原材料信息、抽检信息	原材料成分、供货数量、订货方、供货价格
生产加工	生产编号、产品名称、生产商名称、产地及地址、生产日期、生产环境、质检报告、生产许可	引进数量、生产数量、生产成本
物流运输	运输编号、运输状态、承运企业、运输路线、签收人	车辆信息、承运人、路途信息、运输成本、运输数量
销售	销售批次、销售商、销售时间、产品名称	销售员、进货价格、销售单据

2. 质量投诉结构体设计

消费者可借助 ComplainSC 合约将产品的投诉意见上传到区块链上留痕，质量投诉结构体 ComplainInfo 包括质量投诉编号、产品溯源编号、质量投诉类型以及具体投诉信息字段，如表1-26所示。

表1-26 质量投诉数据结构体

结构体名称	字段名称	数据类型	字段含义
ComplainInfo	ComplainID	string	质量投诉编号
	TraceID	string	产品溯源编号
	ComplainType	int	质量投诉类型
	ComplainDetail	string	具体投诉信息

二、合约函数接口设计

作为实现核心业务的智能合约，溯源数据合约 TraceSC 为供应链各环节企业用户设计了数据的上传函数接口，并为消费者用户提供全流程关键溯源信息的查询，以及面向监管部门的详细溯源信息查询。TraceSC 中的核心函数接口及其功能描述如表1-27所示。

表1-27 溯源数据合约函数功能

合约名称	函数接口	函数功能描述
TraceSC	UploadSupplyInfo（）	供应阶段信息上传
	QuerySupplyInfo（）	供应阶段信息查询
	UploadProductionInfo（）	生产阶段信息上传
	QueryProductionInfo（）	生产阶段信息查询
	UploadTransportInfo（）	物流信息上传

续表

合约名称	函数接口	函数功能描述
TraceSC	QueryTransportInfo（）	物流信息查询
	UploadSalesInfo（）	销售信息上传
	QuerySalesInfo（）	销售信息查询
	QueryKeyInfo（）	关键溯源信息查询
	QueryDetailInfo（）	详细溯源信息查询

质量监管与投诉合约 ComplainSC 是实现溯源业务中的重要合约，该合约设计了面向消费者用户的投诉信息上传与查询的函数接口，以及面向监管部门的投诉信息处理和处理结果查询的函数接口，如表1-28所示。

表1-28　质量监管与投诉合约函数功能

合约名称	函数接口	函数功能描述
ComplainSC	UploadComplaint（）	投诉信息上传
	QueryComplaint（）	投诉信息查询
	ProceedComplaint（）	投诉信息处理
	QueryResult（）	处理结果查询

第五节　系统功能

基于区块链的供应链溯源系统划分为6个主要模块，分别为用户身份管理模块、节点管理模块、溯源数据存储模块、溯源数据查验模块、访问控制模块、质量监管与投诉模块，各模块内有对应的功能细分。系统功能模块结构如图1-34所示。

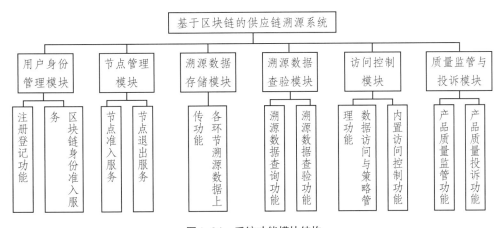

图1-34　系统功能模块结构

一、用户身份管理模块

供应链上下游涉及供应商、生产商、物流企业、监管部门和消费者等不同类型的用户，用户能够在系统中根据身份角色进行不同的功能调用操作来完成相应的业务。由于溯源系统底层为 Fabric 构建的联盟区块链，用户身份管理模块通过系统后端结合 Fabric 内置的成员管理服务机制（MSP）及 Fabric CA 机制进行设计。用户身份的准入包含溯源系统准入和联盟链准入2个阶段，完成准入后用户可以进行相应的功能调用。

溯源系统准入提供注册和登录2个主要入口。用户首次进入系统时，可以通过注册功能完成溯源系统的身份准入，在注册信息的表单中填写相应的账号、密码、属性、手机号码等身份信息后进行提交注册请求。系统后端的 registerUser（注册用户）方法在获取到前端注册的 HTTP 请求后，解析获取账号、密码、属性等信息，账号及密码将被存储到系统本地的 MySQL 数据库中进行保存。需要注意的是，系统后端 registerUser 方法使用 AES 算法对用户的密码信息进行加密后再存储到数据库中，确保用户的密码以密文形式安全存储。而用户的属性信息则通过 Fabric SDK 触发区块链跨通道节点部署的策略管理 PolicySC 合约，存储到链上的访问控制通道内（图1-35）。

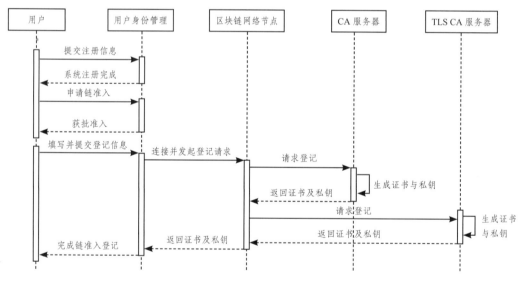

图1-35 用户身份准入时序图

用户在系统完成注册后可以登录系统，但还需完成联盟链准入才能使用溯源数据上传、质量监管与投诉等涉及智能合约链上操作的功能模块。用户登录系统后在该模块填写和确认身份信息，提交联盟链准入申请，由联盟链网络中的组织管理员向 CA 服务器节点为用户进行身份准入的注册。在完成注册后，用户即可在该模块界面中进行联盟链准入登记。具体过程为系统后端调用 SDK 中的实例方法 caClient.enroll（user，secret）将用户的账号、密码作为参数，发送到联盟链网络中的 TLS CA 节点和组织 CA 节点进行身份登记。随后 CA 节点自动签发用于 TLS 通信及组织身份认证的 X.509 证书 TLSCert、ECert 和相应私钥，返回至用户本地的钱包内进行保存，通过这些文件保证用户后续功能的正常使用。用户在具备溯源系统及联盟链准入资格后，可登录到系统通过证书和私钥使用合约发起交易。

二、节点管理模块

在实际场景中，外部企业可以申请加入供应链，而供应链内原有企业在合作停止后可以申请退出供应链，因此溯源系统需要根据实际场景来对底层区块链网络节点进行动态调整。在基于 Fabric 构建的联盟链网络中，企业通常可以看作 peer 节点，节点管理模块负责对企业节点的准入、退出提供服务，同时展示联盟链网络中各节点的运行状况。模块提供了节点准入申请的入口，用户可在上面填写节点名称、节点所属组织、账号、密码、域名、端口等节点身份相关信息后，提交节点准入申请到系统中。联盟链网络的组织管理员可在系统上查看新增节点准入申请，并决定是否为其提供新增节点服务。

当新节点申请加入联盟链网络中已有的组织时，由该企业在联盟链网络中所对应组织的管理员为待加入的节点进行注册。管理员在获取到节点申请准入时填写的账户和密码后，通过 fabric-ca-client 工具向联盟链网络中的 TLS CA 以及组织 CA 节点发起注册请求，使得上述 CA 服务器记录新增节点的身份信息。而后，管理员使用节点申请准入时填写的账号、密码、域名、端口等信息，再通过 fabric-ca-client 工具向上述 CA 服务器进行节点准入登记，随即获取新增节点的 TLSCert、ECert 证书和相应私钥进行保存。最后通过 docker-compose 工具启动该节点，即完成节点的新增。新增节点准入时序如图1-36 所示。

新增节点启动后通过 gRPC 协议自动连接到 Fabric 网络与其他节点通道，并在加入到溯源数据通道后借助 gossip 协议同步拉取链上的分布式账本。组织管理员在新增节点上安装和部署溯源业务相关的合约，使其能够处理供应链溯源的业务。

节点需要退出联盟链网络时，同样需要节点用户在该模块中提交申请，由节点所在组织的管理员为其进行退出服务。在系统收到节点用户的退出申请后，所在组织管理员使用 fabric-ca-client 工具向 TLS CA 及组织 CA 注销该节点的相应证书，并生成证书撤销列表（certificate revocation list，CRL），声明其证书失效。此外，还需要将 CRL 写入链的配置区块中，以实现证书撤销行为的不可篡改。同时，配置区块须经过区块链网络所有组织的节点签名后重新上链存储，表示该节点在网络中已完成退出操作，无法再使用智能合约在链上发起任何交易。

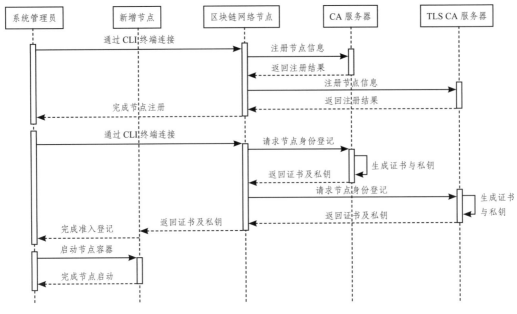

图1-36　新增节点准入时序图

三、溯源数据存储模块

溯源数据存储模块是溯源系统的核心功能模块之一，负责将供应商、生产商、物流企业、分销商等环节所上传的产品溯源数据进行可信存储。该模块为不同环节上的用户设计了不同的界面和数据表单进行产品溯源数据的录入，数据表单界面均分为关键溯源数据和详细溯源数据两部分，同时提供图像、文档等文件的上传入口，以及对上述溯源数据的访问权限设置。模块的工作流程如图1-37所示。

以生产商环节为例，生产商企业用户在登录溯源系统并获取联盟链准入后，通过溯源数据存储模块界面将该环节所采集到的生产环境、生产日期等信息进行录入，并设置相应的分级访问权限，提交到溯源系统。在上传过程中，系统后端的 API 获取到前端发出的 HTTP 请求，由 uploadProdutionData 方法解析该请求中的 JSON 格式数据。系统通过 SDK 与区块链网络中生产商节点连接，以用户的 TLSCert、ECert 证书及其私钥文件作为身份认证材料，通过 newTransactionProposal 方法构造交易提案，并在交易属性中设置合约名 TraceSC、合约函数名及生产信息作为参数，由 sendTransactionProposal 方法发送交易提案到节点来触发合约调用。而合约函数在执行过程中，通过内置接口 stub. PutState 将传入合约的生产信息进行上链。交易事务在经过背书节点的模拟执行和签名后，提交给 Raft 共识集群进行排序，由共识节点将交易按照设定的时间或大小打包成区块并切割，将生成的区块广播到溯源数据通道内的各个 peer 节点。通道内各节点在验证区块内交易的背书签名、版本号无误后，追加到节点自身的分布式账本中。

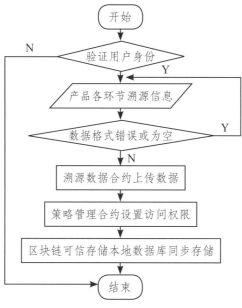

图 1-37　溯源数据存储流程

溯源数据上链完成后，系统后端通过交易产生的 Payload 获取解析交易明细和区块信息，以此将上链的溯源数据附加其交易号（TxID）、时间戳（Timestamp）、区块号（BlockNum）、数据哈希（DataHash）等可信数据存储到本地数据库中协同备份，以提供快捷的溯源信息查询服务。而上传的图像只存储在节点本地，链上只存储其数据摘要。最后，后端与跨通道节点连接，通过触发策略管理合约 PolicySC 的 AddPolicy 函数，将用户设置的访问策略存储到访问控制通道。溯源数据存储模块的实现过程如时序图 1-38 所示。

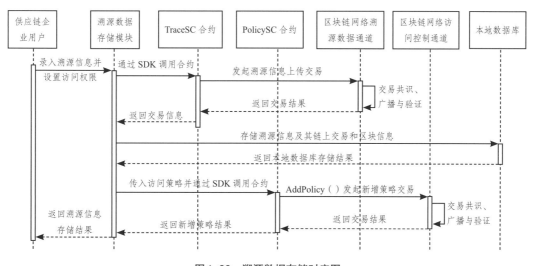

图 1-38　溯源数据存储时序图

四、溯源数据查验模块

溯源数据查验模块的作用是为供应链上的各环节企业用户、消费者和监管部门提供产品溯源信息查验入口，包含溯源信息查询和溯源哈希查验2个子功能。

在溯源业务场景中，追溯码以二维码的形式粘贴在产品的外包装上，唯一标识产品和锚定该产品在供应链各环节的流转信息。消费者可以使用手机、PDA等智能设备扫描产品外包装上的追溯码，扫码识别后将自动跳转到溯源数据查询结果界面，显示产品在链上存储的关键溯源数据。同时，追溯码上还标注有产品溯源编号 traceID，用户还可以在该模块界面中手动输入产品溯源编号，来查询产品的可信溯源信息，进而了解产品来源和流转过程。

消费者在该模块查询产品的溯源信息，可以获取溯源信息中附带的交易号、区块号、哈希值等信息。其中，哈希值记录了产品的关键溯源信息，消费者可以通过查验溯源信息中的哈希值，进一步确定该溯源信息是否遭到了篡改。溯源数据查验流程如图1–39所示。

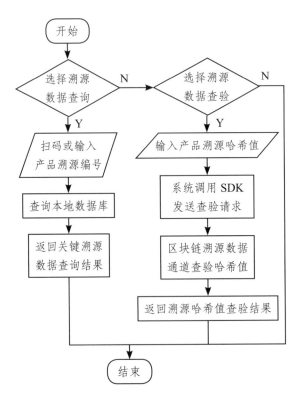

图1–39　溯源数据查验流程

为此，溯源数据查验模块为用户设计了产品溯源编号的输入框和溯源哈希值的查询入口。未注册的消费者用户可以直接访问该模块，输入产品溯源编号或溯源哈希值，点击即可查询或核验其关键溯源信息。

在查询关键溯源数据时，系统通过后端封装的 queryTraceInfo（TraceID）方法获取消费者用户输入的产品溯源编号。系统设计了链上链下协同存储的方式，因此后端将产品溯源编号作为 Key，直接在本地的 MySQL 关系数据库中进行查询，依次将查询到的各环节溯源数据进行拼接，最终形成完整的关键溯源数据并返回。系统的链上链下协同存储机制能够确保本地 MySQL 数据库中存储的关键溯源信息与联盟链中查询的数据是一致的。

用户还可以通过该界面的哈希值进一步查验，从而了解产品的溯源信息是否被篡改。在查验溯源哈希值时，系统后端的 validateTraceInfo（dataHash）方法接收到该哈希值，然后通过高层接口 getBlockByHash（dataHash）触发 Fabric 内置的查询系统链码，从溯源数据通道账本中查询与哈希值相匹配的交易和区块信息。当该哈希值存在则表示查询成功，将由后端返回用户"查验成功"的结果以及区块号、交易号、时间戳、交易内容、前一区块和当前区块哈希值等详细信息，证明该产品是可追溯的，并已通过区块链的可信溯源认证。反之，则返回给消费者用户"查验失败"的结果。溯源数据查验过程时序图如图 1-40 所示。

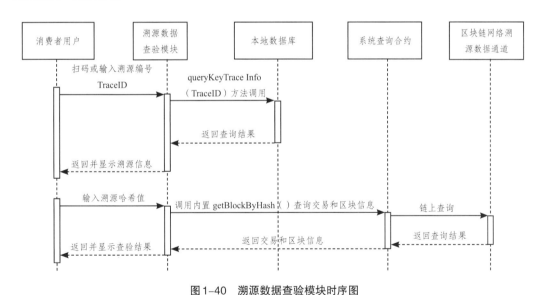

图1-40 溯源数据查验模块时序图

五、访问控制模块

访问控制模块以基于区块链的供应链数据分级访问控制机制作为关键技术进行设计，嵌入到溯源系统成为内置核心模块之一。模块通过区块链上的访问控制通道以及跨通道节点部署的策略管理合约 PolicySC 和访问控制合约 AccessSC 来实现数据访问控制功能。

溯源系统存储着供应链各环节产生的多源异构数据，主要分为结构化数据和非结构化的数据。企业和监管部门需要共同对结构化和非结构化数据进行分级制定，例如公开访问、限制访问和隐私数据等分级标准，以及更细粒度的子分级划分，实现数据的细粒度访问控制。

结构化数据包括产品溯源数据、质量监管投诉信息等能够用数据表描述的数据。其中，关键溯源数据、质量监管投诉信息需要面向消费者群体公开展示，因此将该数据分级设置为公开访问等级。用户在访问上述数据时所发起的访问请求不会触发访问控制合约。对于详细溯源数据等相对重要且敏感的信息，数据拥有者可根据业务需求为其设置相应访问权限，阻止未经授权的访问行为。非结构化数据主要包括供应链中产生的文档、图像等数据，供应链企业用户在系统中上传非结构化数据时，可根据制定好的分级标准进行访问权限的设置。

访问控制模块包含内置访问控制子模块和企业数据访问共享子模块，具体功能如下。

1. 内置访问控制子模块

内置访问控制子模块运行在数据上传和查询等环节中。用户在上传详细溯源数据时需要设置访问权限，而访问权限通过一系列访问策略进行表示。该子模块提供了便捷权限设置，使用户在不了解访问策略编写规则的情况下，能够快捷点选以设置数据的访问权限。用户也可以通过自主编写访问策略的方式来对访问权限进行制定。

在查询限制访问的数据时，该子模块负责对用户发起的访问请求进行鉴权。以访问详细溯源数据为例，系统后端拦截用户的访问请求，通过 SDK 触发访问控制通道中的 AccessSC 合约，由合约内的 CheckAccess 函数对传入的访问请求进行策略判定。首先检查属性是否完整且无格式错误，接着跨合约调用 PolicySC 合约中的 QueryPolicy 函数从链上查询访问策略，然后对访问请求和策略中的属性进行匹配和判定。策略判定通过后，再由后端通过 TraceSC 的合约查询详细溯源数据。授权访问的过程将被记录在访问控制通道账本中，留痕且不可篡改。

2. 企业数据访问共享子模块

企业数据访问共享子模块作为系统交互界面，为用户提供可视化的数据访问策略管理以及企业数据的访问与共享功能。用户准入区块链系统后，可在该子模块中实现策略查看、新增、更新、移除的功能操作，请求访问其他企业共享的数据，同时共享自身的数据并设置相应访问权限。

策略管理功能通过后端的 policyManage（pID，opt）方法封装 PolicySC 合约的调用进行实现。其中参数 pID 作为查找访问策略的键，而 opt 则包含 query、update 和 delete 的取值，传入合约分别实现 QueryPolicy、UpdatePolicy 和 InvalidatePolicy 函数功能的相应调用，最终实现链上访问控制通道的策略管理。该子模块的策略管理时序图如图 1–41 所示。

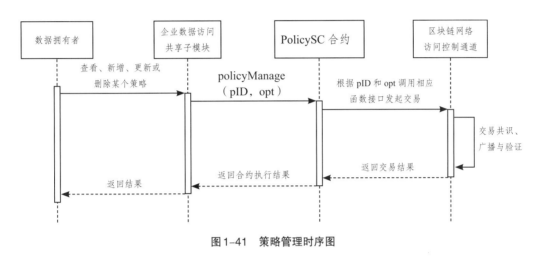

图 1–41 策略管理时序图

六、质量监管与投诉模块

质量监管与投诉模块为消费者提供反馈入口，同时为监管部门用户提供监管途径，包含质量监管和质量投诉 2 个子模块。

1. 质量投诉子模块

消费者向分销商购买产品后，当发现产品存在质量问题时，可在质量投诉子模块填写产品编号，选择投诉原因并输入投诉信息后提交到系统。系统后端 getComplaint 方法负责获取投诉信息，并封装了质量管理与投诉合约 ComplainSC 中的 UploadComplaint 函数调用，将产品质量投诉信息上链留痕存证，以确保消费者所填写的投诉内容的真实可靠。

监管部门用户可登录系统查看和处理投诉事件。监管部门用户查看待处理的投诉事件时，对于不必要的投诉或恶意投诉事件，可以选择驳回投诉事件。而对于产品质量问题的建设性投诉事件，监管用户可受理投诉事件并回复消费者合理的解决方案。监管用户对每条投诉信息的回复，将由系统后端的 reply Complaint 方法进行处理，其封装了对合约 ComplainSC 中的 Proceed Complaint 函数的调用，由此上传到区块链上留痕。质量投诉子模块流程如图 1–42 所示。

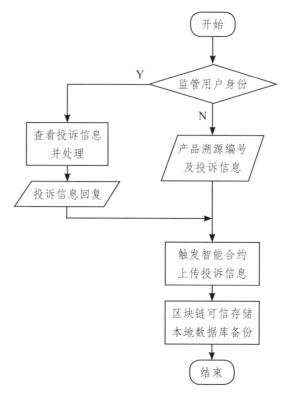

图1-42 质量投诉子模块流程

质量投诉子模块的作用在于，当消费者发起投诉时，监管部门对供应链中的各环节进行逆向准确定责，从而提升产品溯源的效果，有效倒逼供应链上的企业朝着良性方向发展。

2. 质量监管子模块

质量监管子模块为产品质量追责、定责提供数据支持。监管部门用户登录溯源系统后，通过在该子模块输入产品编号提交到溯源系统中进行查询，可对产品在供应链从供应到销售的各环节流转信息进行详细追溯调查，通过数据定位到产品可能出现问题的特定环节。在该子模块中，监管用户发起的查询请求将被发送到区块链网络的监管部门组织中的跨通道节点，由该节点跨通道调用访问控制合约进行访问权限与策略的判定。获得访问授权后，监管用户就可以从溯源数据通道通过编号查询该产品的详细溯源数据，并根据溯源数据对问题企业进行追责。质量监管子模块工作流程如图1-43所示。

具体过程为，质量监管子模块在执行查询时，系统后端的quality Inspect方法接收监管用户所输入的产品溯源编号TraceID，首先由内置访问控制子模块负责拦截鉴权，即通过调用访问控制通道内合约AccessSC中的Check Access函数对用户的访问请求与链上已有的访问策略进行判定。在授权访问后，quality Inspect方法接着调用合约TraceSC

中的 Query DetailInfo 函数接口,以溯源编号 traceID 作为参数发起链上查询的操作,实现详细溯源数据的可信查询,并将查询到的结果返回到前端进行展示,以便监管用户对各环节详尽的溯源数据进行分析、调查和追责。质量监管子模块时序图如图1-44所示。

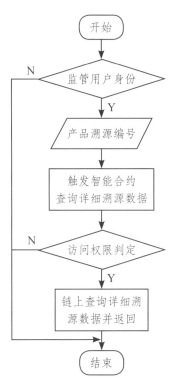

图1-43 质量监管子模块工作流程

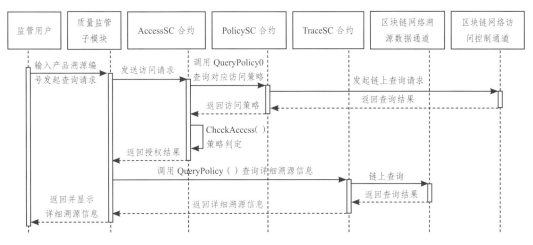

图1-44 质量监管子模块时序图

在查询到产品的详细溯源数据后,监管用户可以更高效、更具体地缩小或定位到产品可能出现质量问题的环节,从而与该环节对应的企业取得联系,对该企业的特定批次产品进行质量抽检和责任追查，采取措施责令企业整改。质量监管子模块的特点在于督促供应链上的核心企业严格把关产品质量，提高产品假冒伪劣的违法成本。

第六节　系统部署

一、区块链网络搭建

本节的溯源系统实现所用硬件环境为处理器 Intel Core i5 2.7 GHz，内存 8 GB，采用超级账本 Hyperledger Fabric 作为溯源系统底层数据支撑的区块链平台进行网络搭建。网络搭建以及系统实现所需的开发环境和工具配置信息如表1-29所示。

表1-29　系统开发环境与工具

开发环境与工具	版本
操作系统	macOS 11.5
Hyperledger Fabric	1.4.1
Docker	19.03
docker-compose	1.27
Golang	1.14
Fabric-SDK-Java	1.4.1
Vue-CLI	3.0
Java Development Kit	1.8
MySQL	5.7
Spring Boot	5.2

本节使用单机多节点的模式，在本地环境搭建用于系统实现的区块链网络。在该网络中配置2个peer节点组织（org1，org2）和1个orderer共识组织（org0），其中为每个peer节点组织配置5个orderer节点以实现具体配置信息。

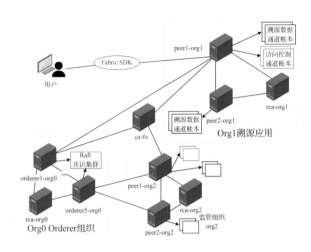

图1-45 Fabric 区块链网络拓扑

表1-30 Fabric 网络配置信息

容器名称	所属组织	端口	描述
ca-tls	—	7054	负责加密通信的证书机构
rca-org0		7055	org0 根证书机构
orderer1-org0		7050	共识节点 1
orderer2-org0		8050	共识节点 2
orderer3-org0	org0	9050	共识节点 3
orderer4-org0		10050	共识节点 4
orderer5-org0		11050	共识节点 5
rca-org1		7056	org1 根证书机构
peer1-org1	org1	7051	peer 节点
peer2-org1		8051	peer 节点
rca-org2		8056	org2 根证书机构
peer1-org2	org2	9051	peer 节点
peer2-org2		10051	peer 节点

通常情况下，Fabric 使用沙盒容器的虚拟环境进行节点的配置，能够最大程度地适应真机环境的差异性，同时避免对真机环境造成影响。本节使用 Docker、docker-compose 工具来对容器进行构建与编排。在网络搭建前，需要分别为 CA 节点、peer 节点、orderer 节点以及客户端编写相应的 docker-compose.yaml 配置文件，配置节点容器所需的镜像、运行环境、证书与私钥地址、数据卷、IP 地址和端口等信息。

区块链网络的搭建与启动过程主要包含 CA 部署与身份认证、通道创建与节点启动、智能合约部署等步骤，具体如下。

1. CA 部署与身份认证

通过 docker-compose 工具启动 ca-tls 容器，为整个区块链网络提供 TLS 通信加密支持。区块链网络管理员通过 fabric-ca-client 工具在 ca-tls 节点上登记后，为网络中的各个 peer 节点和 orderer 节点分别注册信息。

分别启动各组织的根 CA 容器 rca-org0、rca-org1 和 rca-org2。在 Fabric 中，这些容器为其组织内节点及用户的加入和退出提供了完备的准入机制，组织内的管理员使用 fabric-ca-client 工具分别为其 peer 节点、orderer 节点和用户向该组织的 rca-org 容器进行身份注册，再由组织内的节点与用户根据先前的注册信息自行向 rca-org 容器进行登记，获取自身的证书和私钥，完成区块链网络的身份认证和准入。

2. 通道创建与节点启动

完成 CA 部署以及节点和用户的身份认证后，分别为链上的每个节点启动容器。Fabric 中提供 configtxgen 二进制工具来为区块链生成创世区块 genesis.block，它是区块链网络中一切区块的起始区块，该创世区块被放置到系统通道中。基于内置系统通道，使用 configtxgen 工具生成访问控制通道以及溯源数据通道的配置文件，使得这两个通道的分布式账本实现隔离存储，形成两条逻辑上的区块链。

依次启动区块链网络中的 peer、orderer 等所有节点的容器。在启动过程中，peer 节点通过其内置的 gRPC 服务与其他节点的端口进行连接和通信。而上述 5 个 orderer 节点则共同组成一个 Raft 集群，用于区块链网络的共识服务。节点完成启动后，通过通道的配置文件分别创建访问控制通道和溯源数据通道，并加入到不同的通道中，或作为跨通道节点同时加入两个通道。

3. 智能合约（链码）部署

节点启动并加入相应的通道后，区块链网络开始正常运行，但还需要部署智能合约才能实现相应功能。给加入溯源数据通道内的普通节点安装和部署溯源数据合约 TraceSC 和质量监管与投诉合约 ComplainSC 等智能合约，以实现溯源业务的功能。而同时加入访问控制通道和溯源数据通道的跨通道节点除安装上述合约外，还需要安装和部署策略管理合约 PolicySC、访问控制合约 AccessSC，以实现访问控制机制，支撑系统的访问控制功能。

至此，用于溯源系统的底层区块链网络成功搭建与启动，各节点容器正常运行并成功部署智能合约，能够为上层溯源系统提供可信的数据服务，网络启动后的运行状态如图 1-46 所示。

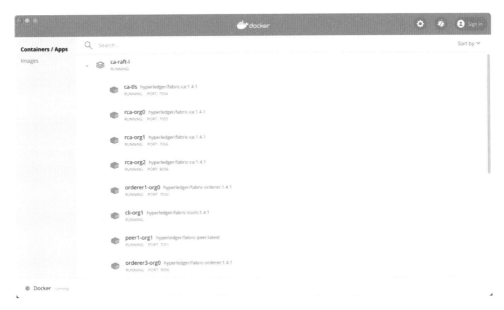

图1-46　区块链网络运行状态

二、智能合约实现与部署

Fabric 网络中的智能合约以链码的形式进行实现，本节使用 Golang 作为编程语言来对系统涉及的所有智能合约进行编码与实现。Fabric 内部源码已对智能合约的操作进行了高度封装，提供了合约入口 main 方法，以及合约初始化 Init 和合约调用 Invoke 两个核心方法。其中，Init 方法封装了初始化和升级的相关方法，而 Invoke 方法则封装了查询和调用交易的相关方法，是编写业务逻辑程序的唯一入口。它可以接收两个参数，分别是用户自行编写的函数接口名称和传递给该函数的参数数组。因此，只需要对负责合约初始化的 Init 和合约调用的 Invoke 两个核心方法进行编码实现，即可在智能合约实现灵活的业务逻辑。

在完成系统所需的 PolicySC、AccessSC、TraceSC 和 ComplainSC 合约文件的编写与调试后，区块链网络管理员通过客户端依次将上述合约安装和部署到 Fabric 区块链网络中的相应 peer 节点上，安装的合约以 docker 容器的形式在链上安全运行。智能合约在链上部署后，还需要触发合约内置的 Init 方法使用测试数据执行交易来对合约进行实例化，使合约变为可用状态，图1-47为智能合约的部署结果。

智能合约在运行过程中不会受到外部程序的干扰，这一特点也保证了合约执行时的安全性。合约在正常运行过程中，当溯源业务场景产生了新的需求，可根据场景业务对合约进行升级。开发人员在链下环境对合约进行编码修改之后，可通过远程连接节点来升级合约，以新版本的合约替换原有的合约。

```
CONTAINER ID          IMAGE
                      COMMAND                  CREATED              STATUS             PORTS
                        NAMES
d147203c89ab          dev-peer1-org1-accesssc-1.0-676ecac08604551c25db134d00bd450c20e71f30cb48408cd
fccb700c423ddcd       "chaincode -peer.add…"   About a minute ago   Up About a minute
                        dev-peer1-org1-accesssc-1.0
8476aa77950d          dev-peer1-org1-policysc-1.0-75e1d61e503fd98e4777613dba0ffa6da32ede2f2e0f9b535
bc00bfbf564d634       "chaincode -peer.add…"   2 minutes ago        Up 2 minutes
                        dev-peer1-org1-policysc-1.0
4d1e7c1afe13          dev-peer1-org1-complainsc-1.0-569f60ee3d1f911124961024acfe7560676da33e6f7bc7d
c5246f94d77204377     "chaincode -peer.add…"   5 minutes ago        Up 5 minutes
                        dev-peer1-org1-complainsc-1.0
dfbebdadbfff          dev-peer1-org1-tracesc-1.0-b78d65fe4c2101462b4746d75192fcbd1670ccc18fa012747b
a1f226d81efe65        "chaincode -peer.add…"   3 weeks ago          Up 3 weeks
                        dev-peer1-org1-tracesc-1.0
```

图1-47　智能合约的部署结果

三、区块链溯源功能验证与分析

1. 溯源接口验证

在完成溯源数据合约 TraceSC 函数接口实现并部署到所搭建区块链网络的节点后，为验证区块链溯源功能接口的有效性，本节通过终端使用 docker-compose 工具启动 cli-org1 客户端容器并连接到区块链网络节点，模拟实际场景中客户端对 TraceSC 合约的核心函数接口的调用，验证链上接口的有效性。

由终端使用 docker exec cli-org1 命令触发 TraceSC 合约，发起溯源数据上传的交易请求，得到响应后在链上查询溯源数据，查看数据上传后区块链网络节点的运行日志，以及交易完成后生成的相应区块信息，如图 1-48 所示。

```
docker (com.docker.cli)
2022-03-31 06:39:07.170 UTC [endorser] callChaincode -> INFO 131 [mychannel][d4404d69] Exit chaincod
e: name:"tracesc"  (13ms)
2022-03-31 06:39:07.173 UTC [comm.grpc.server] 1 -> INFO 132 unary call completed grpc.service=proto
s.Endorser grpc.method=ProcessProposal grpc.peer_address=172.30.0.9:53646 grpc.code=OK grpc.call_dur
ation=17.9618ms
2022-03-31 06:39:09.198 UTC [gossip.privdata] StoreBlock -> INFO 133 [mychannel] Received block [30]
 from buffer
2022-03-31 06:39:09.200 UTC [committer.txvalidator] Validate -> INFO 134 [mychannel] Validated block
 [30] in 1ms
2022-03-31 06:39:09.244 UTC [kvledger] CommitWithPvtData -> INFO 135 [mychannel] Committed block [30
] with 1 transaction(s) in 43ms (state_validation=0ms block_commit=38ms state_commit=2ms)
~ (-zsh)
        "header": {
                "data_hash": "Nn7ZwBQt3CZr2QAalFfzql5vRTpK/ywPStOIqcVm5xw=",
                "number": "30",
                "previous_hash": "jS04mXcysRktY/QA4Io5pk0Gp7cGnYBb1PEVzmLSBXQ="
        },
        "metadata": {
                "metadata": [
                        "CgIKABLVCAqKCArtBwoHb3JnME1TUBLhBy0tLS0tQkVHSU4gQ0VSVElGSUNBVEUtLS0tLQpNSUl
DcORDQ0FsYWdBd0lCQWdJVVhCdFFaNjg2ekc1RmNReTVlUG1yd1Jxem1iNHdDZ1lJS29aSXpqMEVBd0l3CllERUxNQWtHQTFVRUJ
oTUNWVk14RnpBVkJnTlZCQWdURGs1dmNuUm9JRU5oY205c2FXNWhNUlF3RWdZRFZRUUsKRXd0SWVYQmxjbXhsWkdkbGNqRVBNQTB
HQTFVRUN4TUdSbUZpY21sak1SRXdEd1lEVlFRREV3aHlZMkV0YjNKbgpNREFlRncweU1qQXpNekF4TWpFMU1EQmFGdzB5TXpBek1
6QXhNakl3TURCYU1HWXhDekFKQmdOVkJBWVRBbFZUCk1SY3dGUVlEVlFRSUV3NU9iM0owYUNCRFlYSnZiR2x1WVRFVU1CSUdBMVV
FQ2hNTFNIbHdaWEpzWldkbGpYSXgKRURBT0JnTlZCQXNUQjI5eVpHVnlaWEl4RmpBVUJnTlZCQU1URFc5eVpHVnlaWEl4TFc5eVp
```

图1-48　区块链溯源接口运行日志

节点输出的日志显示，区块链平台接口可以正常获取客户端发起的数据上传交易请求，能够对链上部署的智能合约接口进行正常调用，发起的交易能够经过共识出块，并在毫秒级别的时间内实现溯源数据的正常上链和读取。由相应的区块生成信息可知，溯源数据能够正常存储在区块链上，并生成相应的数据哈希、区块号、前一块哈希等数据，实现数据的链上可信存储，可以满足溯源系统核心功能的应用。

2. 链稳定性验证

底层区块链网络支撑着系统的正常运行，因此需要具备长时间稳定运行的能力，并能够在长期运行过程中有效接收请求和处理每一笔交易。由于溯源功能接口在系统实际使用过程中调用较为频繁，本节介绍如何编写测试脚本，通过 cli-org1 客户端容器，并发调用 peer1-org1 节点上的溯源数据合约 TraceSC，来对区块链网络连续4小时不间断发起溯源数据的存储和查询请求。在连续发起请求期间，使用 cli-org2 客户端容器将网络中的 peer1-org2 节点暂时关闭，来模拟现实场景中节点宕机的情况，以此验证区块链网络运行的稳定性。区块链稳定性测试输出的运行日志如图1-49所示。

图1-49　区块链稳定性运行日志

运行日志结果显示，所搭建的底层区块链网络在超过4小时运行期间，节点发生宕机时输出"Stop"的日志信息并断开连接，而网络中的其余节点仍能正常处理客户端所发起的交易请求，并且生成了相应的区块，同时不影响后续交易的执行。测试结果表明，使用 Hyperledger Fabric 搭建的底层区块链网络基本具备长时间运行的稳定性，能够满足溯源系统实际运行的需求。

3. 性能测试

系统在供应链场景运行过程中，需要底层区块链保证一定的运行效率。本节设计实验对所搭建区块链网络的溯源数据存储和查询性能进行测试，利用吞吐量作为性能衡量指标，测试区块链在溯源业务中的性能表现。实验使用 Fabric tape 工具作为交易发生器，将溯源数据合约 TraceSC 中的 UploadSupplyInfo 和 QueryDetailInfo 函数作为测试的功能接口，分别进行溯源数据写入和查询性能的测试。实验设置20个客户端数量来模拟实际运行场景，每个客户端与区块链网络节点间的并发连接数分别设置为10、20，分别发送不同规模的交易数量，测试区块链在上述压力下的上传和查询交易事务的吞吐量。经过多次测试取平均值后，实验结果如图1-50所示。

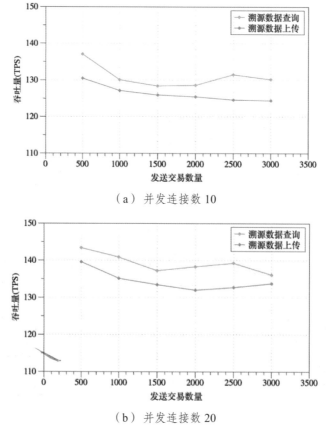

（a）并发连接数 10

（b）并发连接数 20

图1-50　区块链溯源业务吞吐量测试

测试结果显示，在本实验环境下，当并发连接数设置为10时，区块链处理详细溯源数据查询事务的吞吐量最高可达 137 TPS，发送交易数量达到1000时，链吞吐量略微产生了下降现象，而后随着交易数量增加保持在稳定范围内。在溯源数据上传存储时，链吞吐量最高达到130 TPS，而当发送交易数量达到3000时，吞吐量保持在接近125 TPS

的范围。由于溯源数据在上传时写入的键值相比查询时较多，其吞吐量相比查询有所下降。当客户端与节点间的并发连接数增加到20时，区块链依然能够承受测试压力，其处理查询事务的吞吐量最高达到了143 TPS，而处理上传事务的吞吐量最高接近140 TPS，总体保持高效平稳的交易处理效率。综上所述，本节所搭建的区块链网络在溯源数据的上传和查询事务中具备较为稳定的运行性能，能够满足实际供应链产品溯源业务场景的需求。

四、系统应用展示

原型系统完成实现与测试后，已应用到某中小学食材采集配供应链溯源业务场景中试运行，实现食品从源头到学校餐桌的可信溯源。本节对系统的用户身份管理、节点管理、溯源数据存储、溯源数据查验、访问控制模块和质量监管与投诉模块等主要功能模块进行界面展示。系统前端使用 Vue.js 框架进行开发实现，界面简洁且具有良好的交互性，后端使用 Java Web 框架 Spring Boot 进行实现，通过 Fabric-SDK-Java 工具包与区块链网络连接。

1. 用户身份管理

用户身份管理界面如图 1-51 所示，用户在该页面通过填写账号、密码、手机号码以及用户类型等信息进行注册。

图 1-51　用户身份管理界面

2. 节点管理

系统的节点管理界面如图1-52所示，该界面显示用户所属组织的节点运行状态，提供节点的申请准入和申请退出的入口，实现节点管理服务。

图1-52　节点管理界面

3. 溯源数据上传存储

溯源数据上传存储界面如图1-53所示，供应链上的企业用户在该页面填写各环节溯源信息，为详细溯源数据设置访问权限并上传存储。

图1-53　溯源数据上传存储界面

4. 溯源数据查验

溯源数据查验界面如图1-54所示，界面提供了溯源编号和溯源信息哈希码输入框，用户在输入溯源编号后，系统将跳转到关键溯源查询结果界面，获取产品溯源信息。

图1-54　溯源数据查验界面

关键溯源数据查询结果界面如图1-55所示，展示了产品在供应链各环节中的溯源信息，并包含了每一环节在链上的交易号、区块地址、哈希信息等字段，表示产品溯源信息已由区块链可信存储。

产品TID202210202溯源结果

该产品溯源信息已被查询 1 次

○ **供应环节**
供应商：绿草牧场
供应商地址：内蒙呼和浩特市
货物名称：生牛乳
供货时间：2022-03-27 17:18:48
原材料：2022-03-26 出产生牛乳
是否抽检：已抽检

交易号：4fa64da2cf45c508604fe5128299ea65cd071e8be9e0d2029934dc561e5
9fae7
数据哈希：9cf80b744317f6a76a8a57610da696fda96701fdb8de18a1c4953b43b
401303a
区块地址哈希：f50649a9d6f4f1d470da8f1f6d9be7cf4df88c16f61b871ffd4e9e90
7b2beb08
交易时间戳：2022-03-27 17:18:48

○ **生产环节**
产品名称：纯牛奶
生产商：绿草乳业
产地及地址：内蒙古呼和浩特市
生产日期：2022-03-28 09:10:03
生产环境：生产线#1-无菌环境，温度65%
生产原料：生牛乳
质检信息：该批次符合检验标准
生产品质：优质
生产资格证：SC10513022300088

交易号：3e56f53853af06c9fa9dfce123a23a876f91c8b05309e4d6aa19e0c636ba
f3d0
数据哈希：3c44f8e667e3afb36d1f1e414c0c1c93fcfda25d3beb8813306370c6bb
49bcf7
区块地址哈希：bbafc4dfe9d465b6cbaa116339768349b64b8682dccfff297a0bcb
12b3f5f632
交易时间戳：2022-03-28 09:10:21

○ **物流运输环节**
物流企业：集采集配基地-物流车队
运输状态：已到达 2022-03-30
运输路线：G75兰海高速
签收人：梁经理

交易号：e2fe2330b7428d6fd444d490f033488d7c64c833182720ef16b6938d4b5
fd659
数据哈希：23d63052c5081af3127c9b20c4ea1e04ac70bb3c9785692ebbf32c08
8fcbc213
区块地址哈希：0b47b39d26e26b8c5738a61d0be310815271fa4beaa6bd56b0a0
4d568567dd13
交易时间戳：2022-03-30 05:25:28

○ **销售环节**
分销商：集采集配基地分销
销售时间：2022-03-30
销售客户：某市第二高级中学
销售数量：30件
签收人：王军

交易号：65d9ecc2dfac3806a1a893f0a21b5ff19faedd48f2cc8faff98cc033e154bd
f6
数据哈希：dae37715ccef2e371935229308fd32a2d10a3451291c028fbf976285d
b8f7155
区块地址哈希：af198bfaa445af8b377e7dd3406a1e91e701d91404dc6971bd771
b7b602a54f9
交易时间戳：2022-03-30 07:34:30

图1-55　关键溯源数据查询结果界面

5. 数据访问控制

系统的数据访问与共享界面如图1-56所示，用户可在该界面进行数据访问与共享，并对数据的访问策略进行管理。

图1-56　策略管理界面

6. 质量监管与投诉

质量监管与投诉界面如图1-57所示。消费者登录后可在该界面进行产品投诉信息的填写，同时查看和管理自己的投诉信息。

图1-57　质量监管与投诉界面

7. 区块链运行可视化

区块链运行可视化界面如图1-58所示。界面包含了区块链的运行状况，显示了目前链上的区块高度、交易总数、节点数和部署的智能合约个数等数据。同时包含最新的10

条交易和区块信息，交易过程不断动态刷新。

图1-58　区块链运行可视化界面

思考题

1. 物联网系统分为哪几层，各自的功能是什么？

2. 举例说明3种主要的无线传输技术，包括特征及优劣对比。

3. 常见的定位方法有哪3种？

4. 试述5G的特点。

5. MAC层设计如何降低能耗？

第二篇

大数据篇

先进的数字技术正在从实验室迅速扩展到各行各业。大数据的发展促进了许多行业的发展，然而在这个大趋势中，农业大数据发展相对缓慢。将大数据运用到农业中，可以通过数据可视化技术，提高农业生产效率和实现农产品质量监控等，发挥部分农业大数据所蕴含的农业应用价值。事实上，与土地、劳动和资本一起，大数据已经被作为第四个生产要素信息。为应对农业生产模式落后、农业生产效率低下的问题，基于实际情况推进智慧农业，促进相关技术的大规模应用，还需要将大数据思维和技术融合到智慧农业发展过程中。运用大数据思维，将信息技术与农业生产结合将给农业生产模式带来许多变化：在根据空间差异的数据采集上，进行定位、定量、定时的智慧种植，将得到种植的最佳效果和最低代价；作物生长模型和产量监测以及全球导航卫星系统的使用，使现场点测量的精确定位成为可能，从而为智慧种植全流程提供技术保障。

智慧农业是农业大数据运用的一种高级阶段。为了加速智慧农业发展，使智慧农业能够充分应对农业生产中所面临的挑战，尤其是在生产力、环境影响、粮食安全和可持续性等方面，通过利用云计算、物联网以及人工智能等新技术，在农业生产中引入更多机器人智能设备，使它们能够自主执行或通过远程操作来扩展传统工具的功能。近年来，随着农业大数据的兴起，国内外学者对农业大数据的研究与应用取得了重大进展，如农业气象预测、市场需求与供给、粮食安全以及病虫害预测与防治等，都可以通过大数据进行预测和干预。

本篇从大数据概念出发，对农业大数据的发展现状进行梳理，概括农业大数据系统的体系结构和基本内容，描述一套完整的实践应用的典型案例，并对大数据及其在农业中的潜在价值进行分析讨论和展望发展趋势。

第一章　大数据基本概念

第一节　大数据思维

提到谁具有大数据思维，人们大都会想到大数据分析师。下面从数花的故事说起，以理解大数据思维的要义。

一个风和日丽的早晨，农民老李在为荔枝树施肥，这时迎面走来一位穿着整齐的年轻人，对他说："我可以说出你的这棵树中有几朵花。"随即，这个年轻人利用人工智能和图像识别等技术收集荔枝花信息，片刻后他告诉老李，荔枝树上共有14629朵花。老李惊讶于年轻人那么迅速地说出荔枝花的数目，但是心里不以为然，因为年轻人说的他已知道，他认为年轻人其实不懂种植荔枝。这个故事在数据分析界广为流传，并有不同版本。如今，大数据炙手可热，大数据分析师也因此成为是职场的宠儿。然而，就像上面故事中的年轻人一样，对大数据分析师的质疑声也不断被传出和放大：他们能否给我们带来价值，能带来多大价值？

让我们把数花的故事改编一下……

农民老李有一个荔枝园，最近他找了一个年轻人做帮手。老李问年轻人："你看我这批树如何？"随即，年轻人在一棵荔枝树前用各种统计方法和不同工具进行全面分析判断。折腾一阵子后，年轻人告诉老李："这棵树共有14629朵花，仅有593朵雌花，其余为雄花和花苞，可以授粉的雄花有10071朵。雌雄花比例失调，且花苞成花率较低。"老李听后既惊讶又失望，惊讶的是一个没种过荔枝的人能在那么短的时间内能和他自己一样了解荔枝花，失望的是他所听到的是他早已知道的事情。目前，大数据分析师就遇到这样尴尬的境遇，他们能像上述改编故事中的年轻人一样很快掌握企业内部的"经验"，但又能为企业增值做出多少贡献呢？

或许数花的故事还可以这样改编。老李找来的年轻人这样回答："这棵树共有14629朵花，仅有593朵雌花，其余为雄花和花苞，可以授粉的雄花有10071朵。但雌雄花占比悬殊，雌花过少导致雄花授粉率较低，难以结果。因此，当务之急是施加氮肥促进雌花分化，提高雌花成花率，以解决当前雄花和雌花比例严重失调的问题，同时催醒雌花花苞，提升雄花授粉率。将过密、过长、过弱花枝疏去，保证每朵花的光合产物充足，提升坐果率。"想必老李听到这些心里一定会乐开了花吧。

上述故事告诉我们，一位好的大数据分析师不应当只会"数花"（即收集数据并进行统计），也不应当只会"分析花"（即进行数据分析），而应当是能够主动帮助老李预见和解决问题，最终创造价值的人。其实从本质上看，好的大数据分析师和不好的大数据分析师之间的差距就在于是否具备大数据思维。

大数据思维就是依靠大数据指导决策，从而实现数据商业价值。在数花的故事中，好的大数据分析师正是那位依靠大数据帮助老李实现数据商业价值的年轻人。为何大数据思维的定义中要强调数据商业价值呢？因为只有产生了数据商业价值，客户才会为大数据买单，数据企业才能产生利润，数据化转型下的政府才能够提高服务质量和服务效率。数据商业价值包括3个方面：增加收入、减少支出和降低风险（图2-1）。任何大数据分析工作如果可以帮助客户在其中的任何一个方面实现可量化的改进，那么大数据就实现了商业价值。

在学习大数据分析步骤之前理解大数据思维至关重要，这样才能保证大数据分析的目标不偏离提升商业价值这一初心。

图2-1　数据商业价值

第二节　大数据分析步骤

如图2-2所示，一个大数据分析任务通常包括目标定义、数据探索、数据预处理、模型构建、模型评价和数据可视化6个步骤。

图2-2　大数据分析步骤

一、目标定义

针对具体的应用需求，首要明确本次大数据分析任务的目标是什么，任务完成后能达到什么样的效果。因此，必须分析应用领域，包括应用中的各种知识和应用目标，了解相关领域的情况，熟悉背景知识，弄清用户需求。总之，要想充分发挥大数据在应用领域的价值，必须对目标有一个明确清晰的定义，即决定到底想做什么并确保这样做能实现或提升商业价值。

二、数据探索

收集到大数据的一些样本数据集后，需要探索样本数据集的数量和质量是否满足后期模型构建的要求，是否出现从未预见的数据状态，其中是否有什么规律和趋势，各因素之间有什么样的关联性。回答这些问题的过程就是数据探索。数据探索包括数据质量分析和数据特征分析2个子任务。数据质量分析是大数据分析准备过程的重要一环，是数据预处理的前提，也是数据分析结论有效性和准确性的基础。没有可信的数据，数据分析中所构建的模型将是空中楼阁。数据质量分析的主要目标是检查原始数据中是否存在脏数据，脏数据一般指不符合要求以及不能直接进行相应分析的数据。常见的脏数据包括缺失值、异常值、不一致的值、重复值、含有特殊符号（如 #、￥、*）的数据。

对数据进行质量分析以后，接下来可以通过绘制图表、计算某些特征量等手段进行数据特征分析。

1. 分布分析

分布分析能揭示数据的分布特征和分布类型。对于定量数据，可通过绘制频率分布表或频率分布直方图进行直观分析；对于定性数据，可通过绘制饼图和条形图直观显示数据的分布情况。

2. 对比分析

对比分析是指把两个相互联系的指标进行比较，从数量上展示和说明研究对象规模的大小、水平的高低、速度的快慢以及各种关系是否协调。

3. 统计量分析

统计量分析是指用统计指标对定量数据进行统计描述，通常从集中趋势和离中趋势两方面进行分析。例如，可以使用均值或中位数度量个体的集中趋势，可以使用标准差（方差）和四分位间距度量个体离开平均水平的趋势。

4. 周期性分析

周期性分析即探索某个变量是否随时间变化而呈现出某种周期变化的趋势。时间尺度较大的周期性趋势有年度周期趋势、季节性周期趋势；时间尺度较小的有月度周期趋势、周度周期趋势，甚至更短的天、小时周期性趋势。可以通过绘制时序图来直观观察变量的周期性趋势。

5. 贡献度分析

贡献度分析又称为帕累托分析，其原理是帕累托法则（即80/20定律）。不同变量贡献度可以通过绘制帕累托图直观呈现出来。

6. 相关性分析

相关性分析即分析连续变量之间线性相关程度的强弱。相关性分析可以通过绘制散点图、散点图矩阵或计算相关系数（如 Pearson 相关系数、Spearman 相关系数）实现。

三、数据预处理

原始大数据集中通常存在大量不完整、不一致、有异常的数据，严重影响到后续大数据分析建模的执行效率，甚至会导致分析结果出现偏差。数据预处理包括数据清洗、数据集成、数据变换和数据归约4个子任务。

1. 数据清洗

数据清洗即删除原始大数据集中的无关数据、重复数据、平滑噪声数据，筛选掉与大数据分析主题无关的数据，处理缺失值和异常值等。

2. 数据集成

大数据分析所依赖的数据可能分布在不同的数据源中，数据集成就是将多个数据源合并存放在一个一致的数据存储（例如数据仓库）中的过程。在数据集成时，来自多个数据源的现实世界实体的表达形式大概率是不一样的，故要考虑实体识别问题和属性去冗余问题，从而将源数据在最底层进行转换、提炼和集成。

3. 数据变换

数据变换主要是对原始大数据进行规范化处理，将数据转换成适当的形式，以适用于挖掘任务及算法的需要。数据变换主要涉及简单函数变换（如平方、开方、取对数和差分运算等）、数据规范化（如最大—最小规范化、零—均值规范化和小数定标规范化）、连续属性离散化、新属性构造和小波变换等。

4. 数据归约

在大数据集上进行复杂分析计算需要很长的时间，数据归约能产生更小但仍保持原大数据完整性的新数据集。在归约后的数据集上进行数据分析将更有效率。数据归约的常用方法包括属性归约（即寻找最小属性子集并确保新数据子集的分布尽可能接近原数据集的数据分布）和数值归约（即通过选择替代的、较小的数据来减少数据量）。

四、模型构建

经过数据探索和数据预处理即得到可以直接建模的数据。根据大数据分析的目标和数据形式可以构建分类与预测、聚类分析、关联规则、时序模式和离群点检测等数据分析模型，帮助企业或政府单位提取大数据中蕴含的商业价值，提升其竞争力。

1. 分类与预测

分类即构造一个分类模型，输入样本的属性组，基于该模型可以预测该样本的所属类别。分类模型构建在有类标记的数据集上，故分类属于有监督学习。预测是指构建2种或2种以上变量间相互依赖的函数模型，然后进行预测和控制。分类和预测的实现过程类似，第一步都是训练模型，第二步则是基于训练好的模型进行分类或预测。常用的分类与预测模型包括线性回归、Logistic回归、决策树、随机森林、人工神经网络、贝叶斯网络和支持向量机等。

2. 聚类分析

与分类不同，聚类分析是在没有给定划分类的情况下根据数据相似度进行样本分组的一种方法。与分类模型不同，聚类模型可以建立在无类标记的数据集上，属于无监督学习。常用的聚类算法包括K-means、k-中心点和系统聚类等。

3. 关联规则

关联规则也称为购物篮分析，是数据分析中最活跃的研究方法之一，目的是在一个数据集中找出各项之间的关联关系，而这种关联关系并没有在数据中直接表示出来。常用的关联规则算法包括Apriori、FP-Tree和灰色关联法等。

4. 时序模式

时序模式即给定一个已被观测了的时间序列，预测该序列的未来值。常用的时间序列模型包括平滑法、趋势拟合法、AR 模型、MA 模型、ARMA 模型和 ARIMA 模型等。

5. 离群点检测

离群点检测即发现与大部分其他对象显著不同的对象，是大数据分析中涉及的重要研究方法。大部分大数据分析方法都将离群点对象视为噪声而丢弃，然而在一些应用中，离群点可能具有更大的研究价值。常用的离群点检测方法包括基于邻近度的方法、基于密度的方法和基于聚类的方法。

五、模型评价

不同的模型的评价指标可能存在较大差异。如分类与预测模型的评价指标包括绝对误差（absolute error，AE）、相对误差（relative error，RE）、平均绝对误差（mean absolute error，MAE）、均方误差（mean squared error，MSE）、均方根误差（root mean squared error，RMSE）、准确性（accuracy）、精确率（precision）、召回率（recall）和受试者操作特征典线（receiver operating characteristic，ROC）曲线等。聚类模型的常用评价方法包括 Purity 评价法、RI 评价法和 F 值评价法。模型评价则是基于模型关联的评价指标横向比较多个相关模型的性能，并最终得到表现最好的模型。

六、数据可视化

在大数据时代，人类的大脑无法从海量数据中快速发现核心问题，因此需要一种高效的方式来刻画和呈现数据所反映的本质问题。解决这个问题，需要数据可视化，即通过丰富的视觉效果，把数据以直观、生动、易理解的图表形式呈现给用户，从而有效地提升大数据分析的效率和效果。数据可视化是大数据分析任务的最后步骤，数据项作为单个图元素表示，大量的图元素则构成数据图像，同时将数据的各个属性值以多维数据的形式表示，可以从不同维度观察数据，也是非常关键的一环。数据可视化的基本思想是将大数据中的每个数据进行更深入的观察和分析，有助于洞察数据中的重要规律。

数据可视化的作用包括观测和跟踪数据、分析数据、辅助理解数据和增强数据吸引力。目前已有许多数据可视化工具，其中大部分都是免费使用的，可以满足各种数据可视化需求。主要包括入门级工具、信息图表工具、地图工具、时间线工具和高级分析工具等。

第三节　大数据的特征

目前，对于大数据的定义还存在争议，没有统一的定义。全球最大的信息技术公司 IBM 发布的白皮书《分析：大数据在现实世界中的应用》中对大数据的特征概括为"4V"，即数量、多样性、速度和精确性。研究学者 Luon 等提出的大数据特征与 IBM 前 3 个 V 内容相同，但是将第四个特征变成价值。综合以上观点，对大数据的特征进行以下概括，用"5V"来表示：大量（volume，以下简称 V1），大数据的数据量通常高达数十 TB，甚至数百 TB；高速（velocity，以下简称 V2），高速接收乃至实时处理并且分析数据；多样化（variety，以下简称 V3），可用的数据类型众多；精确性（veracity，以下简称 V4），真实、可靠的数据及其整体的可信度；价值性（value，以下简称 V5），利用海量数据预测未来趋势并做出决策，创造高价值。

第四节　农业大数据的范围及意义

为了应对日益增长的农业生产挑战，促进大数据在农业中的研究与应用，农业大数据应运而生。大数据在农业中有不同的应用，对农业的发展意义重大，表 2-1 归纳了农业大数据中的"5V"特征。

表 2-1　大数据在农业中的应用

"5V"特征	农业应用
大量（V1）	天气预报，牛羊群选择性宰杀，作物识别，农民的生产力改进，小农保险和保护，农民融资，作物产量估算，基于遥感的粮食安全评估，土地利用和土地覆盖变化分类，地球观测的数据共享
高速（V2）	天气预报，葡萄酒发酵，动物食品的安全性和质量，杂草识别，动物疾病识别，农民的生产力改进，偏远地区的农民金融交易，地球观测数据共享
多样化（V3）	管理区域识别，发展中国家的粮食供应估算，野生动物种群评估，小农保险和保护，农民的生产力改进，农民对可持续性绩效和运营效率的认识，农作物的耐旱性，气候科学
精确性（V4）	奶牛群选择性宰杀，动物食品的安全性和质量，杂草识别，动物疾病识别，发展中国家的粮食供应估算，小农保险和保护，农民的生产力改进，地球观测数据共享，评估野生动物种群的生存能力
价值性（V5）	高密度农田的信息获取，智能决策支持系统，农业智能装备，农业生产环境监控，农情遥感监测预警

农业大数据是指以大数据分析为基础，运用大数据的理念、技术及方法来处理农业生产销售整个链条中所产生的大量数据，从中得到有用的信息以指导农业生产经营、农

产品流通和消费的过程。农业大数据的重要作用凸显在种植业播种施肥、畜牧业生产、农产品加工销售等各个环节，将大数据技术融入农业领域，进行跨行业数据挖掘与预测分析，通过对农业大数据的研究分析，挖掘出潜在的价值，有利于提高生产效率、减少浪费、充分利用有限的农业资源，为我国粮食安全提供保障。

此外，大数据与农业领域相关科学研究的结合应用，将现代信息技术与农业进行融合，形成新型农业生产方式，实现智能化管理。农业大数据可以使农业信息化的发展实现从数字化到智能化的转变，有助于推动智慧农业发展，实施我国乡村振兴战略，进一步促进农业转型升级，提高农业生产力。

第二章　农业数据来源和预处理

农田数据采集和记录过程主要是一线员工根据报表格式采集现场数据，定期上报后由专人审核并录入农田管理软件系统。国内农业企业种植数据的采集和记录主要通过人工手写采集，然后录入电子记录或农田管理软件中。随着科技的进步，数据采集系统正朝着超高速、多功能和智能化方向发展，机器人和传感器有望应用于农田生产数据的采集。

第一节　数据质量

数据质量是保证数据应用的基础，其评估标准主要包括5个方面，即真实性、准确性、完整性、一致性和及时性（图2-3）。通过这些标准可以评估数据是否达到预期设定的质量要求。

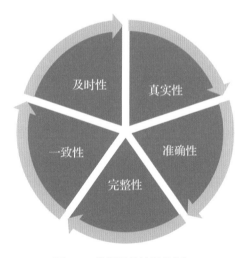

图2-3　数据质量的评价指标

一、真实性

数据的真实性又称数据的正确性（rightness），是指数据记录应当以实际为依据，如实反映生产性能的各个指标。在数据采集阶段造成数据质量问题的主要因素是数据来源和数据录入。如荔枝生长数据的来源包括官方和行业协会、农业管理软件信息平台等，其中，来源于官方和行业协会的数据，一般经过反复核对检验后，数据真实性比较可靠；而来源于农业管理软件信息平台的数据，是由企业职员录入，可能会出现录入操作错误、对原始数据的曲解及篡改、对未记录的数据进行杜撰等，这些都会影响数据的质量。

二、准确性

数据的准确性反映数据记录的信息是否存在异常或错误，也指数据的真实性、可靠性和可鉴别的程度，如数据集中指标值与真实值之间的差异是在合理范围之内的。数据的准确性需要通过一个权威的参考数据源进行比较来体现。数据的准确性可能存在于个别记录，也可能存在于整个数量级。如果数据异常并不显著，但仍然存在错误，则需要借助一些数据分析工具进行检查。

三、完整性

数据的完整性反映数据信息是否存在缺失，是数据质量的一项基础评估标准。数据缺失的情况可能是整个数据的记录缺失，也可能是数据中某个字段信息的记录缺失。不完备的数据，其借鉴价值会大大降低。

四、一致性

将多个数据源的数据整合并为一个大的数据集是大数据分析中最常见的操作。在数据整合阶段，需要解决不同数据源之间的不一致性或冲突问题，比较容易产生数据错误。如果信息不能匹配或存在数据信息重叠，则需要剔除这些与分析无关的数据记录。导致一致性问题的原因可能是数据记录的规则不一，但不一定存在错误；还有就是数值异常，包括异常大或异常小的数值、不符合有效性要求的数值等。

五、及时性

数据的及时性反映数据从产生到可以查看的时间间隔，也叫数据的延时时长，表示数据世界与客观世界的同步程度。数据的及时性主要与数据的同步和处理效率相关。及时性对于数据分析本身要求并不高，但如果数据分析周期或数据建立的时间过长，就可能导致分析结果失去借鉴意义。在种猪生产中，对数据的及时性没有特殊要求，但一般生产性能的改变存在时间效应，如饲料配方的变化、生产模式的改变等需要一定的时间才能出现效果。

第二节　数据预处理

数据预处理是大数据处理流程中必不可少的关键步骤，更是进行数据分析和数据挖掘前必不可少的重要工作。由于种猪生产的原始数据比较散乱，一般不符合数据分析和数据挖掘所要求的规范和标准，因此必须对这些原始数据进行预处理，以改进数据质量，并提高数据挖掘过程的效率、精度和准确性。一般情况下，数据预处理的流程如图2-4所示。

图2-4　数据预处理的流程

一、数据清洗

数据清洗是发现并纠正数据文件中可识别的错误的最后一道程序，包括检查数据一致性、处理无效值和缺失值等。数据清洗故名思义就是把"脏"的数据"洗掉"。

1. 数据清洗主要类型

（1）残缺数据。主要是一些应该有的信息缺失，如供应商的名称、分公司的名称、客户的区域信息缺失，业务系统中主表与明细表不能匹配等。把这类数据过滤出来，按缺失的内容分别写入不同的 Excel 文件后向客户提交，要求在规定的时间内补全。补全后才写入数据仓库。

（2）错误数据。产生的原因是业务系统不够健全，在接收输入后没有进行判断直接写入后台数据库造成的，比如数值数据输成全角数字字符、字符串数据后面有回车操作、日期格式不正确、日期越界等，这类数据也要分类。对于类似于全角字符、数据前后有不可见字符的问题，只能通过写 SQL 语句的方式找出来，然后要求客户在业务系统修正之后再抽取。日期格式不正确或日期越界错误会导致 ETL 运行失败，这类错误需要去业务系统数据库用 SQL 的方式挑出来，交给业务主管部门要求限期修正，修正之后再抽取。

SQL 为结构化查询语言，即 structured query language，是一种特殊目的的编程语言和一种数据库查询和程序设计语言，用于存取数据以及查询、更新和管理关系数据库系统，同时也是数据库脚本文件的扩展名。

（3）重复数据。对于这类数据，特别是列表中会出现这种数据，需要将重复数据记录的所有字段导出来，让客户确认并整理。

数据清洗是一个反复的过程，不可能在几天内完成，只有不断地发现问题和解决问题。对于是否过滤、是否修正，一般要求客户确认。对于过滤掉的数据，将其写入Excel文件或数据表。数据清洗需要注意的是不要将有用的数据过滤掉，对于每个过滤规则认真进行验证，并要用户确认。

2. 数据清洗主要步骤

（1）对缺失值进行清洗。一般来说，缺失值是最常见的数据问题，处理缺失值的方法很多，需要按照步骤来做。首先是确定缺失值范围，即对每个字段都计算其缺失值比例，然后按照缺失比例和字段重要性，分别制定策略。

（2）去除不需要的字段。实际操作是十分简单的，直接删掉就可以了。不过需要提醒的是，清洗数据时每做一步都应备份一下，或者在小规模数据上试验成功再处理全量数据，否则删错数据就会追悔莫及。

（3）填充缺失内容。某些缺失值是可以进行填充的，方法有3种，分别是以业务知识或经验推测填充缺失值、以同一指标的计算结果(均值、中位数、众数等)填充缺失值、以不同指标的计算结果填充缺失值。

（4）重新取数。如果某些指标非常重要但缺失率高，那就需要向取数人员或业务人员了解是否还有其他渠道可以获取相关数据。

（5）关联性验证。如果数据有多个来源，那么有必要进行关联性验证。如果不关联，则这个数据需要清洗。

二、数据分析

将多个数据源的数据整合并入一个大的数据集，是大数据分析最常见的操作。数据整合后，需要进行数据分析。数据分析时要根据数据的类型，即结构化数据、半结构化数据或非结构化数据等进行数据分类整理，特别是非结构化数据需要赋值，但赋值时可能因主观因素而影响数据分析的准确性，如视角差异会对图片数据的分析造成影响。

建立适宜的统计分析模型是农田数据分析的关键。建模的过程就是要根据拟分析的关键性状（因变量）及影响性状关键因素（自变量）的特点，结合数据类型的特征来建立适宜的数据分析模型。

第三章　农业大数据分析

随着信息技术和网络通信技术的飞速发展，尤其是互联网、移动互联网、物联网、云计算的快速兴起，引发了数据的爆炸式增长，各类型数据和信息量急剧膨胀，海量数据已经成为当今社会的基本特征。农业大数据作为大数据的重要分支，是大数据理论、技术、方法在农业领域中的专业化实践和应用。农业大数据应用，依托部署在农业生产现场的各种传感节点（环境温湿度、土壤水分、二氧化碳、图像等）和无线通信网络，完成农业大数据采集、传输、存储、处理等环节的数据管理，结合大数据分析挖掘技术，最终实现农业生产环境的智能感知、智能预警、智能决策、智能分析、专家在线指导，为农业生产提供精准化种植、可视化管理、智能化决策。

第一节　基于统计模型的数据分析

一、描述性统计分析

统计学主要包括描述性统计和推理统计。描述性统计旨在描述数据的基本特征，包括数据分布的特征、数据的平均值及数据变化的基本规律等；推理统计则是采用一种实验性的方法来分析数据，对数据进行测试以及从样本推断总体的属性。描述性统计是数据分析的第一步，是了解和认识数据基本特征和结构的方法。

1. 数据变量类型

统计学中的变量根据数据属性和特征大致可以分为分类变量（categorical variable）与数值变量（numerical variable），变量类型特征的不同导致在进行描述性统计时采取的方式不同。其中，数值变量根据取值特点的不同又分为离散型变量（discrete variable）和连续型变量（continuous variable）两类。

（1）分类变量。是指被测量的量（即被测属性的可能变化状态）是有限数量的不同值或类别的数据。分类变量的可能状态至少有两类，这些类别是相互区别相互排斥的，并且共同包括所有个体。当分类变量的状态只包含两类时，成为二分类变量。当分类变量的可能状态超过两类时，根据这些类别之间是否存在大小、高低、前后或强弱关系又分为有序多分类变量和无序多分类变量两类。

（2）数值变量。

① 离散型变量。离散型变量指变量值可以按一定顺序——列举，通常是以整数位取值的变量。离散型变量的数值用计数的方法取得，如职工人数、农场数和生产线等。常用离散型变量概率分布有两点分布、二项分布、泊松分布、几何分布和超几何分布等。

② 连续型变量。连续型变量指在一定区间内可以任意取值，其数值是连续不断的，相邻 2 个数值可做无限分割。常用的连续型变量概率分布主要包括均匀分布、正态分布和指数分布等。和离散型变量相比，连续型变量有"真零点"的概念，所以可以进行加减乘除的操作。

2. 数据分布类型

数学模型的基线取决于数据的质量，数据的好坏取决于研究者对数据的理解。为了能够更好地理解数据，首先需要了解数据的分布。数据分布的不同决定了统计算法的差异，因此以下重点介绍 4 种常见的数据分布类型：正态分布、二项分布、泊松分布和指数分布。

（1）正态分布。正态分布又称高斯分布，是最常见、最重要的一种连续型分布，是各种统计推断方法的理论基础，许多统计检验都是基于正态假设的。

① 正态分布曲线和特征。

A. 正态分布曲线。正态分布的概率密度函数曲线呈钟形，因此又称为钟形曲线。μ 和 σ 为正态分布的 2 个参数，其中 μ 为数学期望，σ 为标准差。正态分布曲线的特征：a. 曲线只有 1 个峰，峰值位于 $x=\mu$ 处；b. 曲线关于直线 $x=\mu$ 对称，因而平均数 = 中位数 = 众数；c. 曲线以 x 轴为渐近线向左右无限延伸；d. 曲线在 $x=\mu\pm\sigma$ 处各有 1 个拐点；e. 曲线由参数 μ 和 σ 完全决定，μ 决定曲线在 x 轴上的位置，σ 决定曲线的形状，σ 较大时，曲线矮而宽，σ 较小时，曲线高而窄。当给定了数学期望和方差，正态分布就被唯一确定下来，因而一个正态分布可用符号 $N(\mu, \sigma^2)$ 来表示。

B. 正态分布特征。如果随机变量 x 的分布服从概率密度函数和概率分布函数：

$$f(x) = \frac{1}{\sigma\sqrt{2\pi}}\, e^{-\frac{1}{2}\left(\frac{x-\mu}{\sigma}\right)^2}, \ (-\infty < x < +\infty)$$

$$F(x) = \frac{1}{\sigma\sqrt{2\pi}}\int_{-\infty}^{+\infty} e^{-\frac{1}{2}\left(\frac{x-\mu}{\sigma}\right)^2} dx, \ (-\infty < x < +\infty)$$

则称连续型随机变量 x 服从正态分布，记为 $x \sim N(\mu, \sigma^2)$。式中，π 和 e 是 2 个常数，分别为圆周率（$\pi \approx 3.1415926$）和自然对数的底（$e \approx 2.71828$）。x 的取值范围理论上没有边界（$-\infty < x < +\infty$）。离原点越远，函数 $f(x)$ 值越接近 0，但不会等于 0。

正态曲线下的面积分布有一定的规律：a. 曲线下的面积为概率，可通过公式求得。服从正态分布的随机变量在某区间中曲线下的面积与该随机变量在同一区间的概率相等。b. 曲线下的总面积为1或100%，以 μ 为中心左右两侧面积各占50%，越靠近 μ 处曲线下面积越大，两边逐渐减少。c. 所有正态曲线，在 μ 左右的任意相同标准差倍数的范围内面积相同。

②正态性分析方法。正态性分析方法主要有统计图法和统计指标法2种。利用统计图可以直观地呈现变量的分布，同时还可以呈现经验分布和理论分布的差距。统计指标法中峰度和偏度属于2个常用的正态性统计描述指标，通过构建检验统计量能实现正态性检验。

统计图法中既有不基于任何分布假定的一般统计描述方法，也有基于正态分布假定的正态性考察方法。前者主要是呈现当前样本数据的内部信息，后者则需考虑样本所对应的理论分布是否服从（或近似服从）正态分布。当样本量很大时，组段可以分得很细，直方图的包络线越来越接近总体的密度函数曲线。如果这时把频率直方图与正态分布的概率密度函数曲线相比，可以直观地呈现正态逼近效果。茎叶图的用途与直方图相同，它不仅具备与直方图相同的直观性，同时能精细表达样本数据的取值水平，当样本量小时，可以通过茎叶图进行正态性呈现。箱式图主要用于多组数据平均水平和变异程度的直观比较，每组数据均可呈现其最小值、1/4位数、中位数、3/4位数、最大值，如果一组数据服从正态分布，其1/4位数和3/4位数应该与中位数对称。

（2）二项分布。二项分布是最常见的离散型随机变量的概率分布。其定义：在相同的条件下进行 n 次试验，每次试验只有2种结果（可记为0，1），每次试验结果为1的概率为记 p，结果为0的概率为 $1-p$，各次试验彼此独立。则在 n 次试验中，结果为1的次数（1，2，3，4，…，n）是个随机变量 x，其分布称为二项分布，表示为 $x \sim B(n, p)$。

其概率函数为：

$$f(x) = C_n^x p^x (1-p)^{n-x} = \frac{n!}{x!(n-x)!} p^x (1-p)^{n-x} \quad (x=0, 1, 2, \cdots, n)$$

二项分布的期望和方差分别为：

$$E(x) = \sum x_i f(x_i) = np \quad D(x) = np(1-p)$$

（3）泊松分布。泊松分布也是一种常见的离散分布，它是二项分布的一种极端形式。对于二项分布 $B(n, p)$，如果 n 很大，而 p 很小，可证明：

$$C_n^x p^x (1-p)^{n-x} \to \frac{e^{-\lambda} \lambda^x}{x!}$$

其中，$\lambda = np$，是一个常量；e 是自然对数的底。其具有概率函数：

$$f(x) = \frac{e^{-\lambda} \lambda^x}{x!}$$

该函数的分布称为泊松分布，表示为 $x \sim P(\lambda)$，λ 是泊松分布的期望，同时也是泊松分布的方差。泊松分布只有一个参数，主要用来描述小概率事件在一定时间或空间上发生的次数的概率分布。

（4）指数分布。指数分布是独立事件发生的时间间隔，其公式可以从泊松分布推断出来。指数分布只有1个参数，称为率参数 λ。指数分布的概率密度函数为：

$$f(x;\lambda)=\begin{cases} \lambda e^{-\lambda x}, & x>0 \\ 0, & x\leq 0 \end{cases}$$

3. 描述性统计量

描述性统计的内容主要分为位置度量和离散度量2种形式。其中位置度量能够反映数据的集中趋势，它描述了中心、中间或大部分数据的位置；算术平均数、中位数、众数是常用的位置度量方法。而离散度量是数据分布或分散的反映，主要包括极差、分位数、方差和标准差。

（1）位置度量。

①算术平均数。算术平均数是所有观测值的总和除以观测值个数，即常规使用的平均数。

②中位数。中位数是测量数据的中间值。当 n 为奇数时，样本中位数可以被导出，中位数是第 $(n+1)/2$ 次的观测值。

③众数。众数是样本中所有观测值中出现频率最高的值，不受个别数据的影响。

（2）离散度量。

①极差。范围是最小值和最大值之间的距离。

②百分位数。若将一组数据从小到大排序，并计算相应的累计百分位，则某一百分位所对应数据的值，就称为这个百分位的百分位数。百分位数是用来比较个体在群体中的相对地位量数，其中最常用的是四分位数。

③方差和标准差。方差和标准差是评估数据变异程度大小的2个重要指标。其中方差是各个数据与其平均数之差的平方值的平均数，通常以 σ^2 表示；标准差又称均方差，一般用 σ 表示。方差的计算公式如下：

$$\sigma^2=\frac{\sum_{i=1}^{n}(X_i-\overline{X})^2}{n-1}$$

标准差的计算公式如下：

$$\sigma=\sqrt{\frac{\sum_{i=1}^{n}(X_i-\overline{X})^2}{n-1}}$$

二、一般线性模型

统计分析的对象是统计资料，如果资料中包含自变量和连续变化的对应变量，为了用最简便的方式展示它们之间的依存关系，首选一般线性模型（general linear model,

GLM）模型。在统计分析模型中，GLM 模型是应用最广泛同时也是最重要的一类统计模型。

1. 线性模型的定义及发展

线性统计模型简称为线性模型，是数理统计中一类统计模型的总称。在实际问题研究中，解释变量 X 与结局变量 Y 一般存在相互依赖关系，线性模型能够通过变量 X 和 Y 的取值来分析是否具有某种关联，解释变量 X 的取值在何种水平上能够产生对结局变量 Y 的影响；当解释变量取值不唯一时，还可探讨这些因素中哪些因素是主要的、哪些因素是次要的。因此，线性统计模型常被广泛应用于生物技术、金融管理、工农业生产和工程技术等领域。

有关一般线性模型的研究起源很早。Fisher 在 1919 年就曾使用过该模型；随后 Nelder 和 Wedderburn 在 1972 年首先提出广义线性模型的概念，使 GLM 模型得到进一步的推广和应用；1983 年，McCullagh 和 Nelder 在其论著 *Generalized Linear Models* 中详细论述了广义线性模型的基本理论与方法。由于线性模型具有广泛的应用性，学者们对它的研究和拓展逐渐深入，线性模型成为统计学研究的热点。

2. GLM 模型

根据结局变量的属性和解释变量的性质（分类变量还是连续变量）、有无协变量以及分布情况，GLM 模型可以分为多种分析模型，通常包括线性回归模型、方差分析模型和协方差分析模型。

当 GLM 模型具有不同结构的设计矩阵 X 和误差的协方差矩阵 K 时，会衍生出不同的变形。例如，当 X 全部由定量的影响因素（包括亚变量）构造而成时，模型就简化为回归分析模型，其中当 X 的个数只有 1 个时为一元线性回归，当 X 的个数大于等于 2 个时为多重线性回归；当 X 分别由固定效应、随机效应和固定与随机两种效应的定性影响因素构造而成时，模型就分别简化为固定效应、随机效应和混合效应的方差分析模型。此外，当 X 同时由定性和定量 2 种影响因素构造而成时，需分 3 种情形来讨论：第一，当定性的影响因素是固定效应时，模型就变成了协方差分析模型；第二，当定性的影响因素是随机效应时，模型就变成了多水平回归模型；第三，当定性的影响因素包括固定和随机 2 种效应时，若固定效应的定性变量未用哑变量技术处理，模型就变成了具有协方差分析结构的多水平模型，反之，模型仍旧是多水平回归模型。GLM 模型具有不同的变形，因此可适用于 t 检验、各种设计类型资料的方差和协方差分析、回归分析和多水平模型。

（1）线性回归模型。一般线性模型的模型方程如下：

$$Y=X\beta+\varepsilon$$

其中，Y 代表结局变量的观测值，X 代表解释变量，β 代表回归系数，ε 代表随机误差（应符合正态性及独立性）。当解释变量 X 数据类型全部属于定量数据（允许含有亚变量）时，这时的 GLM 模型则演变成为线性回归模型。模型方程如下：

$$Y_i=\beta_0+\beta_1X_1+\beta_2X_2+\cdots+\beta_mX_m+\varepsilon_i$$

其中，Y_i 代表第 i 次的结局变量观测值，X_1，X_2，$\cdots$，X_m 代表 m 种定量的解释变量，β_0，β_1，β_2，$\cdots$，β_m 代表相应的回归系数，ε_i 则代表随机误差。GLM 模型选用条件应包括4点：第一，ε_i 符合正态分布（满足正态性）；第二，ε_i（$i=1$，2，3，$\cdots$）间相互独立（满足相互独立性）；第三，均值 $E(\varepsilon_i)=0$，方差为一常数（满足方差齐性）；第四，响应变量 Y_i 与解释变量 X_m（$m=1$，2，3，$\cdots$）具有线性关系。以上4点均满足后，才可依据分析目的决定是否选用一般线性模型。

（2）方差分析模型。X 分别由固定效应、随机效应及固定与随机两种效应的定性影响因素构造而成时，模型就分别简化为固定效应、随机效应和混合效应的方差分析模型。

①固定效应方差分析模型。以两因素析因设计为例，设定解释变量 A 和 B 均为固定效应，分别有 a 和 b 个水平，则共有 $a\times b$ 种组合方式，每种组合下分别重复 k 次试验（$k\geq2$），Y 代表定量数据的响应变量，则该试验设计下的固定效应方差分析模型可表述为：

$$Y_{ijk}=\mu+\alpha_i+\beta_j+(\alpha\beta)_{ij}+\varepsilon_{ijk}$$
$$(i=1,2,\cdots,a;j=1,2,3,\cdots,b;k=1,2,3,\cdots,n)$$

其中，μ 代表总体平均值，α_i 代表解释变量 A 第 i 个水平的效应（即 $\alpha_i=\mu A_i-\mu$），β_j 代表解释变量 B 第 j 个水平的效应（即 $\beta_j=\mu\beta_j-\mu$），$(\alpha\beta)_{ij}$ 代表 A 与 B 分别在第 i 水平与第 j 水平组合条件下的交互作用，ε_{ijk} 代表随机误差分量。

固定效应方差分析模型需要进行两两比较以确定解释变量间对结局变量影响的显著性。

固定效应方差分析模型选用条件应包括3点：第一，ε_i 符合正态分布（满足正态性）；第二，ε_i（$i=1$，2，3，$\cdots$）间相互独立（满足相互独立性）；第三，均值 $E(\varepsilon_i)=0$，方差为一常数（满足方差齐性）。

②随机效应方差分析模型。实际生产中，有时无法或没有必要确定所有的因素水平，所确定的因素或水平只是众多因素或水平中随机抽取的，相当于在总体中抽取样本，这样所产生的效应称为随机效应，具有随机效应的模型称为随机效应方差分析模型。模型公式可表述如下：

$$Y_{ijk}=\mu+\alpha_i+\beta_j+(\alpha\beta)_{ij}+\varepsilon_{ijk}$$
$$(i=1,2,3,\cdots,a;j=1,2,3,\cdots,b;k=1,2,3,\cdots,n)$$

其中，μ 是总平均效应，α_i、β_j、$(\alpha\beta)_{ij}$ 以及 ε_{ijk} 都是随机变量。特别的，假定 α_i 服从 NID* $(0, \sigma\alpha^2)$，β_j 服从 NID $(0, \beta^2)$、$(\alpha\beta)_{ij}$ 服从 NID $(0, \sigma\alpha\beta^2)$、ε_{ijk} 服从 NID $(0, \sigma^2)$，则由此可推断出任一观测值的方差为：

$$V(Y_{ijk}) = \sigma\alpha^2 + \sigma\beta^2 + \sigma\alpha\beta^2 + \sigma^2$$

其中，$\sigma\alpha^2$、$\sigma\beta^2$、$\sigma\alpha\beta^2$ 和 σ^2 四项叫作方差向量，因此随机效应方差分析模型也被称为方差向量模型。

对于随机效应方差分析模型，我们只要检验随机效应的方差是否为 0 即可，而不用检验各处理效应，因为这些处理是随机抽取的，检验对因变量有无影响并没有实际意义。当交互作用不存在时，它与固定效应方差分析模型分析的结果是一样的。

随机效应方差分析模型选用条件应包括：第一，ε_i 符合正态分布（满足正态性）；第二，ε_i（$i=1, 2, 3, \cdots$）间相互独立（满足相互独立性）。

③混合效应方差分析模型。既包含固定效应又包含随机效应的方差分析模型称为混合效应方差分析模型，其进行的检验是固定效应和随机效应相结合。模型公式可表述如下：

$$Y_{ijk} = \mu + \alpha_i + \beta_j + (\alpha\beta)_{ij} + \varepsilon_{ijk}$$
$$(i=1, 2, 3, \cdots, a; j=1, 2, 3, \cdots, b; k=1, 2, 3, \cdots, n)$$

其中，α_i 代表固定效应，β_j 代表随机效应，并且假定 $(\alpha\beta)_{ij}$ 也代表随机效应，而 ε_{ijk} 代表随机误差。同时还假定均值 $E(\alpha)=0$，β_j 服从 NID $(0, \sigma\beta^2)$、$(\alpha\beta)_{ij}$ 服从 NID $(0, \sigma^2\alpha\beta^2)$、$\varepsilon_{ijk}$ 服从 NID $(0, \sigma^2)$。

混合效应方差分析模型选用条件应包括：第一，ε_i 符合正态分布（满足正态性）；第二，混合线性模型保留了一般线性模型的正态性前提条件，放弃了独立性和方差齐性的条件。

（3）协方差分析模型。协方差分析以一个处理组（i 个水平）和一个协变量 x 为例，协方差分析模型可以表示成如下形式：

$$Y_{ij} = \mu + \alpha_i + \beta(x_{ij} - \mu_x) + \varepsilon_{ij}$$

其中，Y_{ij} 是第 i 个水平组取得的响应变量的第 j 个观测值，x_{ij} 是第 i 个水平的第 j 个协变量观测值，μ_x 是协变量的总体均值，μ 是与 Y_{ij} 对应的总平均值，α_i 是第 i 种水平的固定效应，β 是回归系数，$\beta(x_{ij} - \mu_x)$ 可作为协变量效应，$\varepsilon_{ij} \sim$ NID$(0, \sigma^2)$ 是随机误差分量。

协方差分析模型选用条件应包括 5 点：第一，ε_i 符合正态分布（满足正态性）；第二，ε_i（$i=1, 2, 3, \cdots$）间相互独立（满足相互独立性）；第三，均值 $E(\varepsilon_i)=0$，方差为一个常数（满足方差齐性）；第四，协变量与分析指标存在线性关系，可以通过回归分析方法

---

    *：独立正态分布

进行判断；第五，各处理组的总体回归系数相等且不为 0（斜率同质性）。

（4）广义线性模型。广义线性模型是 GLM 模型的延伸，它使总体均值通过一个非线性连接函数而依赖于线性预测值，同时还允许响应概率分布为指数分布的任何一员。广义线性模型主要包括 3 个部分：第一，线性部分，其与 GLM 模型相同，表达公式为 $Y=X\beta$；第二，包含一个严格单调可导的连接函数 $g(\mu)=X\beta$；第三，结局变量 Y_i 是相互独立的，并且具有指数概率分布。广义线性模型与典型线性模型的区别是其随机误差的分布没有正态性要求，虽然广义线性模型本质上属于非线性模型，但是同时又具有一些其他非线性模型所不具备的性质，如随机误差分布的明确性（二项分布、Poisson 分布和负二项分布等）；当随机误差分布符合正态时，广义线性模型等价于 GLM 模型。

虽然 GLM 模型广泛地应用于统计数据分析中，但仍然存在不足之处：第一，要求 Y 的分布为正态或接近正态分布，实际数据的分布未必满足该条件；第二，在实际研究中，各组数据的方差难以满足方差齐性。

因此，为适用于更广泛的数据分析，广义线性模型对 GLM 模型从以下方面进行推广：第一，$E(Y)=\mu=h(X)\beta$，引入连接函数 $g=h^{-1}$（h 的反函数），$g(\mu)=X\beta$；第二，X 和 Y 既可以是连续变量，也可以是分类变量；第三，Y 服从指数型分布，可以包括正态分布。与 GLM 模型类似，拟合的广义线性模型也可以通过拟合优度统计量和参数估计值及其标准差等指标来拟合。除此之外，还可通过假设检验和置信区间做出统计推断。

三、Logistic 回归模型

GLM 模型处理的解释变量主要为连续变量，但是当解释变量为分类变量时，线性回归方法就无能为力了，而 Logistic 回归模型是处理该问题的有效方法。该方法对自变量的性质几乎没有限制，但要求有较大的样本量。逻辑回归系数具有明确的实际意义，可以根据回归系数得到优势比的估计值。因此，运用 Logistic 回归模型可以处理农田管理中的很多分类变量问题。

1. Logistic 回归模型的定义和分类

Logistic 回归模型（logistic regression model）是统计学中一种经典的分类算法，可简要概括为 1 组（多组）解释变量预测 1 个（多个）分类结局变量的统计分析方法，也可以用来评估解释变量对结局变量的预期效果。该模型从 19 世纪末提出以来，在自然科学、医学和统计学等领域的数据处理中发挥着重要的作用，是一种常用的统计方法之一。Logistic 回归模型主要有 2 种分类标准，一种是按结局变量的类型数量和属性来分，当结局变量为二分类时，此时称之为二元 Logistic 回归模型；当结局变量为多分类时，要根据结局变量的属性进一步区分，当结局变量具有递进逻辑时，此时称之为有序多分类 Logistic 回归模型；当结局变量不具有递进逻辑时，此时称之为无序多分类 Logistic 回归模型。另一种是按照解释变量的个数来分，当解释变量只有1个时，称之为单因素 Logistic 回归；当解释变量大于等于2个时，称之为多因素 Logistic 回归模型。

2.　Logistic 回归模型参数

①风险和相对风险。风险是指在特定群体中表现出利益结果的个体的比例，是病例数（通常是结果不好的参与者）除以每组参与者的总数。相对风险是指两组的危险度之比。相对危险度为1表示两组危险度相同，远离1的值越大表示两组之间的差异越大。但相对风险的一个缺点是不能从病例 – 对照设计中估计。在病例 – 对照研究中，病例与对照的比例是由设计决定的，因此处理组或对照组的结果风险都不能计算。考虑到这些相对风险的局限性，研究人员在比较两组之间的结果时经常使用优势比。

②优势比。优势比（odds ratio，OR）又称比值比或交叉乘积比。即估计事件发生的概率与估计该事件不发生的概率之比。一般来说，如果在一个特定组中输出结果的比例表示为 p，那么优势比计算公式为：

$$OR = \frac{p}{1-p}$$

与相对风险一样，优势比为1表示各组配对的估计优势比完全相等；优势比大于1时，处理组的估计优势比大于对照组；当优势比小于1时，处理组的估计优势比小于对照组。优势比离1越远表明群体差异越大。

第二节　基于机器学习的数据分析

一般来说，统计特征只能反映数据的极少量信息，这时要借助更精确的方法来区分这些情况。当然，也可以通过人工添加规则的方式进行分析，但寻找合适的规则是一件非常艰难的事。因此，下面将讲述一些机器学习的方法。所谓"机器学习"，是基于数据本身，自动构建解决问题的规则与方法。本节将从非监督学习方法和监督学习方法来详细介绍常用的机器学习方法。

一、非监督学习方法

非监督学习是建立在所有数据标签，即所属的类别都是在未知的情况下使用的分类方法。

假设有很多数据 d_1，d_2，$\cdots$，d_n，但不知道这些数据应该分为哪几类，也不知道这些类别本来应该有怎样的特征，只知道每个数据的特征向量 V_1，V_2，$\cdots$，V_n。要把这些数据按他们的相关程度分成很多类，应该怎么做呢？

最初的想法就是认为特征空间中距离较近的向量之间也较为相关。如果 2 个数据之间有很多相似的特征，他们相关的程度就较大。但是，一个类内可能有很多元素，倘若 1 个元素只和其中某些元素比较接近，和另一些元素则相距较远，此时就希望每个类有 1 个"中心"，即所有包含在这一类中的元素的平均值。

如果每一类都有这么一个"中心"，那么在分类数据时，只需要看其离哪个"中心"的距离最近，就将其分到该类即可，这就是聚类算法的思路。

聚类算法是一种用于将一组数据分成不同群体的机器学习算法。聚类算法通过计算数据点之间的相似度或距离来确定数据点的聚类归属。这些聚类可以用于发现数据集中的隐藏模式、分析数据的相似性、进行预测和决策等。

在农业领域，聚类算法可以用于许多应用案例，从优化种植管理到智能农场技术。以下是关于聚类算法在农业中的一个应用案例：优化农作物种植管理。

假设有一片土地用于种植多种农作物，例如小麦、玉米和大豆。不同农作物对土壤和气候条件的要求不同，因此种植的管理策略也会有所不同。利用聚类算法，可以将土地分成不同的簇，每个簇代表着具有相似土壤和气候条件的地区。通过对每个簇的分析，农民可以根据每个地区的特点制定特定于该地区的种植管理策略，以最大限度地提高农作物产量。

1. K-means 算法

K-means 聚类的目标，是将 n 个观测数据点按照一定标准划分到 k 个聚类中，数据点根据相似度划分。每一个聚类有一个质心，质心是对聚类中所有点的位置求平均值得到的点。每个观测点属于距离它最近的质心所代表的聚类。

模型最终会选择 n 个观测点到所属聚类质心距离的平方和（损失函数）最小的聚类方式作为模型输出。K-means 聚类分析中，特征变量需要变量数值，以便于计算距离。

第一步：数据归一化及离群点处理后，随机选择 k 个聚类质心；

第二步：所有数据点关联划分到离自己最近的质心，并以此为基础划分聚类；

第三步：将质点移动到当前划分聚类包含的所有数据点的中心 (means)；

重复第二步、第三步 n 次，直到所有点到其所属聚类质心的距离平方和最小。

2. 案例背景

不同的农作物需要种植在不同类型的环境中，一个好的种植基地能够增加作物的产量，提高经济效益。为了更好地为用户提供基地选址服务，我们可以增加一个增值服务，即利用拥有的地理位置数据为线下用户选址。假设一共有40个基地可供选择，数据如下（以3个基地为例）（表2-2）：

表2-2 基地数据示例

地址	交通服务	设施服务	基地面积	气候	空气温度	空气湿度	光照	土壤温度	土壤湿度	风速
1	85	10	1147	12	88	426	650	472	10	10
2	10	45	1968	74	10	10	330	147	5	43
3	255	88	10	43	111	281	437	1679	17	184

每一条数据是一个兴趣点（POI–Point of Interest）的特征，具体指的是以这个位置为中心的500米（不一定是500米，这个值是可变的）半径圆里各类设施的数量，数据中我们隐藏掉了每个POI的具体名称、坐标、类型。选址的用户将试图从这些位置中选择一个作为基地的位置。用户想知道这40个潜在基地位置之间是否有显著的差异。我们可以将所有POI按照相似程度，划分成几个类别。

3. 操作步骤

·数据准备：数据获取、数据清洗、数据变换等，重点是针对分析目的，进行特征选择以及特征标准化；

·数据建模：使用K-means算法进行数据建模；

·后续分析：聚类模型的特征描述分析，以及基于业务问题的进一步分析。

最后，K-means算法生成的聚类结果如图2-5、表2-3所示，从聚类结果可以看到，总共有5种类型的种植区域，分别为低密度区域、低温区域、高温区域、强风区域和高密度区域。

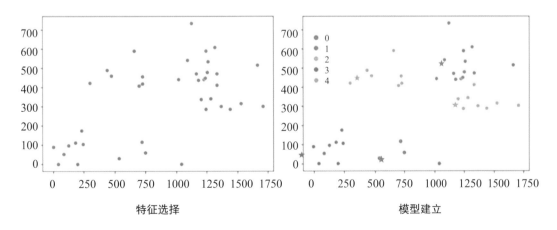

图2-5 K-means聚类效果图

表2-3　聚类画像统计

POI聚类	空气温度指数平均值	风速指数平均值	交通服务指数平均值	数目
低密度区域	78	140	216	8
低温区域	50	762	276	4
高温区域	462	576	265	7
强风区域	322	1389	383	8
高密度区域	515	1241	499	13

通过使用聚类算法优化农作物种植管理，我们可以根据不同土地特点制定有针对性的决策，提高农作物的生产效益，并减少资源和成本的浪费。总结起来，聚类算法在农业中的应用可以帮助农民优化农作物种植管理、提高生产效益，为农业生产带来更大的可持续性和效益。

二、监督学习方法

不同于非监督学习，若已经知道了一些数据上的真实分类情况，要对新的未知数据进行分类，这时利用已有的分类信息可以得到一些更精确的分类方法，这就是监督学习方法。通常在训练有监督的机器学习模型时，会将数据划分为训练集、验证集和测试集，划分比例一般为0.6∶0.2∶0.2。对原始数据进行3个集合的划分，是为了能够选出准确率最高的、泛化能力最佳的模型。

在讲述监督学习方法之前，需要先说明一些关于数据集划分的初步知识。全部数据将划分为以下几个部分。

1. 训练集、验证集与测试集

（1）训练集。用于拟合模型，通过设置分类器的参数，训练分类模型。后续结合验证集作用时，会选出同一参数的不同取值，拟合出多个分类器。

（2）验证集。作用是当通过训练集训练出多个模型后，为了能找出效果最佳的模型，使用各个模型对验证集数据进行预测，并记录模型准确率。选出效果最佳的模型所对应的参数，用来调整模型参数。

（3）测试集。通过训练集和验证集得出最优模型后，使用测试集进行模型预测，用来衡量该最优模型的性能和分类能力。即可以把测试集当作从来不存在的数据集，当已经确定模型参数后，使用测试集进行模型性能评价。

除自动学习的部分外，机器学习模型一般会有一些需要人工设置的超参数，如K-means算法里的中心数量等。对于同样的模型和训练集，使用不同的超参数进行学习，最后得出的结果可能相差很大。为了在测试集上取得尽可能好的结果，但又不知道测试集上数据的真实分类标签，一般需要在知道真实情况的数据集中划分训练集和验证集。在训练模型时，只使用训练集中的数据，并使用验证集中的数据进行模型正确率的检验。这样通过验证集上的检验，就可以对不同超参数在当前任务下的好坏有一个大致的了解，从而选择正确的超参数训练模型并在测试集上取得好结果。

研究性质的数据集是为了检验模型的好坏。整个数据集中，训练集和测试集都是预先划分好的，有的数据集会提供训练集、验证集、测试集，通常只给研究者提供训练集与验证集，并采用有限次提交答案评测的方式来评测模型在测试集上的表现好坏。有的数据集则只提供了训练集和测试集。这里特别要注意的是，在真实应用场景中，测试集数据的标签是完全未知的。因此，对于这些只提供了训练集和测试集的数据集，正确的数据分析方法是自行在训练集上划分训练集与验证集，根据验证集调整对应的超参数后，将最终的模型在测试集上仅进行最后的一次测试得出的结果作为模型的表现。切忌在测试集上进行超参数的调整，因为这可能会导致过度拟合，使得测得的表现与模型在真实世界中的实际表现不符。

2. 评价指标

一个深度学习模型在各类任务中的表现都需要定量的指标进行评估，才能够进行横向的比较，包含分类、回归、质量评估、生成模型中常用的指标。对于单个标签分类的问题，评价指标主要有准确率、精确率、召回率和F1分数等。

在计算这些指标之前，先计算几个基本指标，这些指标是基于二分类的任务，也可以拓展到多分类。

（1）TP（true positive）。被判定为正样本，事实上也是正样本。真阳。

（2）TN（true negative）。被判定为负样本，事实上也是负样本。真阴。

（3）FP（false positive）。被判定为正样本，但事实上是负样本。假阳。

（4）FN（false negative）。被判定为负样本，但事实上是正样本。假阴。

（5）准确率（Accuracy）。单标签分类任务中每个样本均只有1个确定的类别，预测到该类别就是分类正确，没有预测到就是分类错误，因此最直观的指标就是Accuracy，也就是准确率，表示的是所有样本都正确分类的概率：Accuracy=（TP+TN）/（TP+FP+TN+FN）。

（6）精确率（Precision）和召回率（Recall）。如果只考虑正样本的指标，有2个很常用的指标：精确率和召回率。

正样本精确率：Precision=TP/（TP+FP），表示的是召回为正样本的样本中，到底有多少是真正的正样本。

正样本召回率：Recall=TP/（TP+FN），表示的是有多少正样本被召回。当然，如果对负样本感兴趣的，也可以计算对应的精确率和召回率，通常召回率越高，精确率越低。这里记得区分精确率和准确率。

（7）F1分数。有时候关注的不仅仅是正样本的准确率，也关注其召回率，但又不想用准确率来进行衡量，一个折中的指标是采用F1分数：

F1=2×Precision×Recall/（Precision+Recall）

只有在召回率和精确率都高的情况下，F1分数才会很高，因此F1分数是一个综合性能的指标。

例如，在进行荔枝花检测时，在数据集中筛选出同时包含雌花和雄花的图片进行实验。雄花授粉，雌花结籽，因此面向产量预测的荔枝花检测的正样本为雄花。雄花花蕾比雌花花蕾要扁平而且大，雌花比雄花个小且外形显倒鸡心形，如图2-6所示。

由于雌雄花外形不易区分，在模型进行预测时容易把雌花也判定为雄花，因此需要采用特征增强的筛选模块进行分类训练。

使用训练模型对该数据集进行5次检测并求平均值，得到平均后的结果，表2-4分别展示了加入雌雄花筛选模块前后的检测结果。其中TP代表将雄花检测为雄花，TN代表将雌花检测为雌花，FP代表将雌花检测为雄花，FN代表将雄花检测为雌花。

图2-6　荔枝雌雄花

表2-4　雌雄花检测结果

检测方法	TP	TN	FP	FN	Accuracy	Precision	Recall	F1分数
初始模型	70	20	8	2	90.00%	89.74%	97.22%	93.33%
＋筛选模型	77	21	3	1	98.00%	96.25%	98.72%	97.47%

第三节 控梢促花分析与预测系统

一、核心思想

荔枝是最受欢迎的水果之一，在全国各地销量均很高。在荔枝的种植过程中，特别是在花芽分化期，荔枝树极易发生冲梢现象。此分化过程十分迅速，若控梢不及时，会使整树吸收的养分大部分转移至树梢，而使供应花芽分化的养分不足，造成开花数量减少，最终导致荔枝果实减产和质量下降。因此及时控梢促花极为重要。目前，国内外荔枝控梢促花的措施主要是采用喷洒乙烯利等控制冲梢类药物、树干环割和调节叶层氮磷钾元素含量百分比等。虽然这些传统措施经过多年的实验验证比较成熟有效，但在时效性上仍有空缺，很难做到精准控制，尤其是在预测荔枝种植园冲梢率和最佳的控梢促花时间方面的研究和应用在国内外均未见报道。对于国内广大荔枝种植户而言，冲梢现象较为普遍且难以用经验预测，无法事前预防，只能事后补救。而且管控时只能凭传统经验，如是否投放控梢药物、投放时间、浓度及施用量，或者是否需要采取人工环割措施、采取措施的时间等，均无法做到因地因时精准控制，故控梢促花的效果也难以令人满意。

控梢促花分析与预测系统旨在设计一种基于大数据分析预测的荔枝控梢促花管理方法，通过采集荔枝种植园内样本群的空气温湿度、光照强度、施药浓度以及平均冲梢率的相关数据，分析叶层的氮、磷、钾元素的平均含量百分比，建立预测方程模型。利用已建成的预测方程模型，采集将要预测的荔枝种植园内的相关数据，将其输入到模型中以预测未来5天荔枝植株的平均冲梢率。分析与预测系统无线连接荔枝种植专家知识库，预测曲线会每日更新，当系统预测的结果达到平均冲梢率最佳控制经验阈值时，预警系统将会通过用户 PC 端将控梢促花决策推送给荔枝种植园管理者，提醒他们提前5天开始准备对其荔枝种植园进行控梢促花的养护。

同时系统具有实时学习性，预测收集的数据会被纳入到分析与预测子系统的数据存储模块的数据集中，系统每天使用已扩充的数据集进行回归分析，根据用户需求修正冲梢率的预测模型的各自变量系数和常数，不断提高模型的预测准确度。系统的工作流程包括两个阶段，第一阶段在特定荔枝种植园采集数据并建立预测方程模型；第二阶段采集实时数据，根据所建方程模型预测该荔枝种植园的冲梢率，提出控梢促花措施建议，同时根据实时数据学习完善方程模型。

二、实现方案

图 2-7 为荔枝控梢促花管理系统结构图，该模型的实现需要在果园内安装一定数量

的光照强度传感器、空气温湿度传感器和摄像头，与农业遥感卫星配合获取一定的数据，此外还需用户在电脑端进行相关数据的输入。

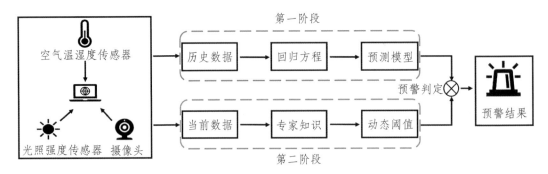

图2-7 荔枝控梢促花管理系统结构图

模型的实现主要分为两个阶段，第一阶段在特定荔枝种植园采集数据并建立预测模型；第二阶段采集实时数据，根据所建预测模型预测该荔枝种植园的冲梢率，提出控梢促花措施建议，同时根据实时数据学习完善预测模型。

1. 所用数据的描述

（1）空气温度（air-temp，单位：℃）。分析与预测系统通过安装于荔枝种植园内的空气温湿度传感器所采集的空气温度数据。

（2）空气相对湿度（air-humidity，单位：%）。分析与预测系统通过安装于荔枝种植园内的空气温湿度传感器所采集的空气相对湿度数据。

（3）光照强度（light，单位：cd）：分析与预测系统通过安装于荔枝种植园内的光照强度传感器所采集的光照强度数据。

（4）荔枝种植园的平均冲梢率（abnormal-rate，单位：%）。系统对安装于园内的摄像头在数据采集时刻所获得的荔枝树样本的各方位图像进行图像分析，识别图像上的芽体形态，统计芽体总量和其中产生冲梢芽体数量，计算每棵荔枝树样本上产生冲梢芽体数量占芽体总量的百分比，作为此树的冲梢率，再计算荔枝树样本群所有树的冲梢率平均值，作为当前的该荔枝种植园的平均冲梢率。

（5）叶层的氮、磷、钾元素的平均含量百分比（单位：%）。分析与预测系统在数据采集时刻调取国内农业遥感卫星提供的实时卫星图像，分析该荔枝种植园内树木叶面反射的可见光谱波段，得到并记录叶层的氮、磷、钾元素的平均含量百分比。

（6）控梢促花药物（ETH-density）的施加浓度（单位：mg/kg）。分析与预测系统在数据采集时刻接收该荔枝种植园管理者上传的控梢促花药物的施加浓度。自变量描述如表2-5所示。

表2-5 自变量描述表

自变量	参数名	描述	单位
X_1	air_temp	空气温度	℃
X_2	air_humidity	相对空气湿度	%
X_3	light	光照强度	cd
X_4	N	叶层氮元素含量	%
X_5	P	叶层磷元素含量	%
X_6	K	叶层钾元素含量	%
X_7	ETH_density	控制冲梢药物施加浓度	mg/kg

2. 第一阶段建立冲梢率预测模型

图2-8为控梢促花分析与预测系统第一阶段——建立预测模型的流程图。

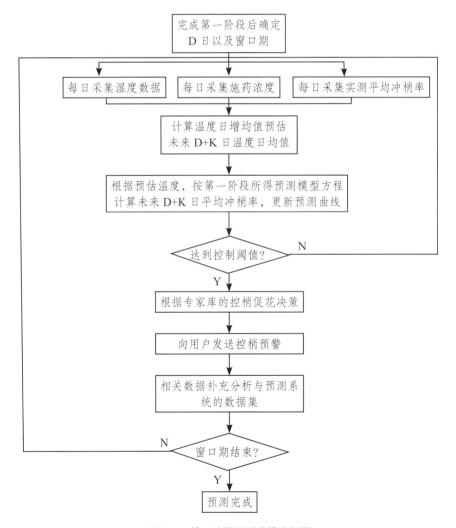

图2-8 第一阶段预测建模流程图

（1）设置数据采集系统。在所述荔枝种植园内随机选取8%～15%的荔枝树作为样本，构成荔枝树样本群。在该荔枝种植园内安装1套空气温湿度传感器、1套光照强度传感器和多个摄像头。根据所选的荔枝树样本群位置安装摄像头，摄像头配置有全方位旋转的智能云台，摄像头所摄图像覆盖所选各荔枝树样本树冠的左、右、前、后和上方。各传感器和摄像头经无线网络传送数据到分析与预测系统。

（2）确定窗口期。首先确定D日。D日为荔枝生长茎部分首次出现白色未分化的新生芽体的日期，即荔枝花芽分化期开始日，以此日开始连续28～35天为窗口期。在窗口期每天采集空气温度、相对空气湿度、光照强度以及荔枝树样本群的平均冲梢率，数据采集时间段为每日正午12点前2～3小时至12点后2～3小时，数据采集间隔为20～40分钟。窗口期每项数据采样量等于或大于300。

（3）计算平均冲梢率。分析与预测系统对摄像头在数据采集时所获得的荔枝树样本的各方位图像进行图像分析，识别图像上的芽体形态，统计芽体总量和其中产生冲梢芽体数量。计算1棵荔枝树样本上产生冲梢芽体数量占芽体总量的百分比，作为此树的冲梢率，再计算荔枝树样本群所有树的冲梢率平均值，作为当前该荔枝种植园的平均冲梢率。

（4）分析叶层元素含量和用药浓度。分析与预测系统在数据采集时刻调取国内农业遥感卫星提供的实时卫星图像，分析该荔枝种植园内树木叶面反射的可见光谱波段，得到并记录叶层的氮、磷、钾元素的平均含量百分比。分析与预测系统在数据采集时刻接收该荔枝种植园管理者上传的控梢促花药物的施加浓度。在窗口期尚未采取控梢促花药物前，冲梢药物施加浓度记录为0。

（5）制作数据集。分析与预测系统接收并存储各采样时刻的空气温度，空气相对湿度，光照强度，叶层的氮、磷、钾元素的平均含量百分比，控梢促花药物的施加浓度以及平均冲梢率，并制成时间序列数据集。

（6）构建多元预测模型。将步骤（5）所得数据集中的平均冲梢率作为因变量 Y，数据集的其他元素作为自变量，分别为空气温度 X_1、空气相对湿度 X_2、光照强度 X_3、叶层氮元素含量百分比 X_4、叶层磷元素含量百分比 X_5、叶层钾元素含量百分比 X_6、控制冲梢药物浓度 X_7。假设各自变量对因变量平均冲梢率 Y 的影响都是线性的，即在其他自变量不变的情况下，Y 与各 X_i 的关系为线性关系，一般的多元预测模型的线性方程如下：

$$Y = b_0 + b_1X_1 + b_2X_2 + b_3X_3 + \cdots + b_7X_7$$

其中 b_0 为常数项，$b_1 \sim b_7$ 分别为各自变量的系数。

3. 数据的统计与显著性分析

计算步骤（5）所得数据集中7个自变量 $X_1\sim X_7$ 和因变量 Y 的算术平均值和标准差。如表2–6所示。

表2–6　窗口期统计数据概况

自变量	参数名	平均值	标准差	数据量
X_1	air-temp	22.12381	6.281448	300
X_2	air-humidity	0.88864	0.056108	300
X_3	light	10003.13	1228.048	300
X_4	N	0.55465	0.022512	300
X_5	P	0.09589	0.009013	300
X_6	K	0.35355	0.030461	300
X_7	ETH-density	30.53	58.633	300
Y	abnormal-rate	0.16432	0.200064	300

（1）自变量的显著性分析。系统设置已输入数据的预测置信区间为95%，即假设95%的总体数据均落在步骤（5）所得数据集的范围内，进行共线性分析和回归建模。

计算7个自变量 $X_1\sim X_7$ 的系数、t 检验值和显著性参数。首先使用最小二乘法计算得到各个自变量的系数。t 检验是用 t 分布理论来推论差异发生的概率，假设检验的指标。然后根据 t 检验值和置信区间，由统计学的 t 分布表查得显著性参数。显著性参数是样本数据落在置信区间外的概率，由上述置信区间95%决定，因此设为5%。各个自变量的显著性参数表示其对因变量冲梢率的影响贡献程度。

对每个自变量与因变量冲梢率进行线性相关分析，分别列出各个自变量和因变量的线性关系表达式，进行 t 检验，以得到显著性参数。计算方法如下

设自变量 x_i 和因变量 y_i 的关系为线性，计算公式为：

$$y_i = \alpha_i + \beta_i x_i$$

使用最小二乘法进行线性拟合，求解 α_i 和 β_i：

$$\beta_i = \frac{\sum_{i=1}^{n}\sum_{j=1}^{m}(x_{ij}-\bar{x}_i)(y_{ij}-\bar{y}_i)}{\sum_{i=1}^{n}\sum_{j=1}^{m}(x_{ij}-\bar{x}_i)^2}$$

$$\alpha_i = \bar{y}_i - \bar{x}_i\beta_i$$

其中，n 表示自变量个数，由表2–5可见系统取值为7，m 表示步骤（5）中的数据量。求解各自变量的 t 检验值 t_i：

$$t_i = \frac{\beta_i}{\sqrt{\dfrac{\sum\limits_{i=1}^{n}\sum\limits_{j=1}^{m}(y_i - \alpha_i - \beta_i x_{ij})^2}{m-2}}} \sum_{i=1}^{n}\sum_{j=1}^{m}(x_{ij} - \bar{x}_i)^2$$

根据各自变量的检验值 t_i，在统计学的 t 分布表查得该自变量的显著性参数。利用线性回归计算所得的各自变量的 t 检验值以及对应的显著性参数如表2-7所示。

表2-7　回归建模与共线性分析

自变量	参数名	t 检验值	显著性参数值
X_1	air-temp	−13.885	0.000
X_2	air-humidity	−1.158	0.248
X_3	light	0.252	0.801
X_4	N	−1.323	0.187
X_5	P	0.175	0.861
X_6	K	−0.206	0.837
X_7	ETH-density	7.627	0.000

由表2-7可见，7个自变量中仅有空气温度和乙烯利浓度2个参数的显著性参数值小于0.05，其余自变量的显著性参数值均大于0.05，说明对因变量的贡献极小，予以剔除。

因此本例多元预测模型的线性方程中只选用上述空气温度和乙烯利浓度2个自变量。最后使用最小二乘法进一步拟合。

假设最终的多元预测模型的线性方程为：

$$\text{abnormal-rate} = b_0 + b_1 \times \text{air-temp} + b_7 \times \text{ETH-density}$$

本例根据步骤（2）确定自变量为空气温度和乙烯利浓度，矩阵 X 为300×3的矩阵，其第一列各元素均为1，所述2个自变量的300个数据分别为矩阵 X 的其余2列；矩阵 Y 为300×1的矩阵，为冲梢率的300个数据。令 B 为参数矩阵。

$$X = \begin{bmatrix} 1 & 11.11 & 0 \\ 1 & 11.242 & 0 \\ 1 & 11.369 & 0 \\ \vdots & \vdots & \vdots \\ 1 & 20.864 & 0.202 \\ \vdots & \vdots & \vdots \\ 1 & 33.231 & 0 \end{bmatrix} \quad Y = \begin{bmatrix} 0 \\ 0 \\ 0 \\ \vdots \\ 0.489 \\ \vdots \end{bmatrix} \quad B = \begin{bmatrix} b_0 \\ b_1 \\ b_7 \end{bmatrix}$$

求解矩阵 B：

$$B = \begin{bmatrix} b_0 \\ b_1 \\ b_7 \end{bmatrix} = (X^T - X)^{-1}X^T - Y = \begin{bmatrix} 0.947 \\ -0.018 \\ -0.001 \end{bmatrix}$$

（2）确定多元预测模型的线性方程。

回归计算结果：常数 $b_0 = 0.00947$，空气温度变量的系数 $b_1 = 0.018$，乙烯利浓度变量的系数 $b_7 = -0.001$。

根据回归计算结果，令 abnormal-rate 为预测的平均冲梢率，本例定制的适用于广西大学国家级荔枝种植示范基地的多元预测模型的线性方程确定如下：

abnormal-rate=0.00947+0.018×air-temp−0.001×ETH-density

4. 第二阶段冲梢率预测

图2-9为基于大数据分析预测的荔枝控梢促花管理方法实施的第二阶段，冲梢率预测流程图。

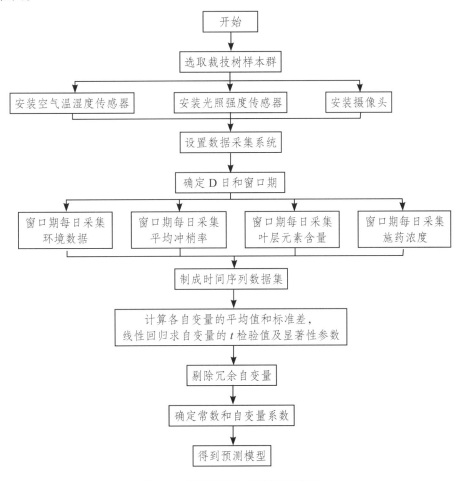

图2-9　第二阶段冲梢率预测流程图

（1）数据采集。在完成第一阶段以后的年度，按第一阶段的步骤（1）确定的荔枝树样本群设置数据采集系统，并按步骤（2）的方法确定 D 日、窗口期和采样时刻，按步骤（3）的方法在每个采样时刻得到该荔枝种植园的平均冲梢率。同时分析与预测系统接收并存储各采样时刻控梢促花药物的施加浓度（mg/kg）和平均冲梢率（%），制成时间序列数据集。

（2）冲梢率在线预测。将实时采集的环境数据输入到第一阶段所得多元预测模型的线性方程，从 D 日起，每天实时计算 D+K 日（D+K ≤ 窗口期天数），实时计算当前平均冲梢率。

按步骤（2）确定的窗口期和采样时刻采集（D+K–5）～（D+K）日的第一阶段所得多元预测模型的线性方程中的自变量数据，并由采集的数据得到（D+K–5）～（D+K）日 5 天的上述自变量的日均值，计算（D+K–5）～（D+K）日自变量的日增值，据此对未来（D+K+1）～（D+K+5）日的自变量进行线性预估，并以此输入到第一阶段所得多元预测模型的线性方程预测计算未来（D+K+1）～（D+K+5）日的平均冲梢率，继而得到该荔枝种植园区的未来 5 天的平均冲梢率预测曲线，此预测曲线每日更新。

以荔枝种植专家知识库对平均冲梢率的最佳控制经验阈值作为参考，根据所得平均冲梢率的预测曲线的斜率变化，提前 5 天预测到平均冲梢率是否将达到最佳控制经验阈值。若在某日预测到未来 5 天将达到阈值，即可至少提前 5 天提醒用户准备进行控梢作业。

（3）控梢促花决策。分析与预测系统无线连接荔枝种植专家知识库，由所得平均冲梢率最佳控制经验阈值，在荔枝种植专家知识库得到荔枝种植园当前相应的控梢促花决策，包括施用 1 种或多种控梢促花药物的最佳时间和施加药物的浓度，以及人工摘除已发生冲梢、小叶已展开的叶芽。控梢促花药物包括乙烯利、强力杀梢素、调花剂、控梢利花素、利梢杀和小叶脱等。

（4）预警。分析与预测系统立即将当前的控梢促花决策通过 PC 端推送到荔枝种植园管理者，提醒他们提前准备进行控梢促花的作业。荔枝种植园管理者采取的控梢促花措施的具体数据均经 PC 端上传到分析与预测系统。

（5）实时学习。将步骤（1）收集的数据纳入到分析与预测系统的数据集中，系统使用已扩充的数据集进行回归分析，修正冲梢率的预测模型的各自变量系数和常数，不断提高模型的预测准确度。

三、模型的初步验证

基于大数据分析预测的荔枝控梢促花管理方法，在广西大学国家级荔枝种植示范基地进行实施。在本实施案例中，广西大学国家级荔枝种植示范基地 D−5 日至 D 日的每天空气温度平均值和施加乙烯利浓度的平均值见表2−8，因 D 日前尚未施加药，表内施加乙烯利浓度的平均值为0。

表2−8　本实施案例 D−5 日至 D 日的环境数据监测平均值

日期	Air-temp 日平均值	Air-temp 日增值	ETH-density 日平均值	ETH-density 日增值
D−5	21.602	0	0	0
D−4	21.651	0.049	20	20
D−3	21.681	0.030	40	20
D−2	21.714	0.033	60	20
D−1	21.838	0.124	80	20
D	21.972	0.134	100	20

对空气温度的日增值求中位数：Median{0.049，0.030，0.033，0.124，0.134}=0.049。

由此预估 D 日至 D+5 日的温度值，并输入到第一阶段所得预测模型预测计算未来 D 日至 D+5 日的平均冲梢率，绘制未来5天的平均冲梢率预测曲线图，如图2−10所示。

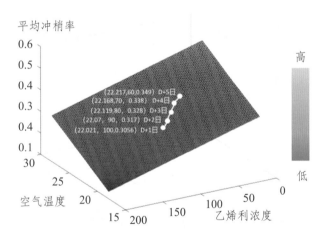

图2−10　D 日至 D+5 日平均冲梢率预测

以荔枝种植专家知识库对平均冲梢率的最佳控制经验阈值46%作为参考，根据平均冲梢率预测曲线的增长斜率升高变化，提前5天预测到平均冲梢率是否达到最佳控制经验阈值。从 D 日计算所得的冲梢率预测曲线上看，未来5天尚未达到最佳控制经验阈值46%，因此暂不需要施药。若在某天预测到未来5天将达到上述阈值，即至少提前5天提醒种植园管理者进行喷药。

四、对生产经营决策和政策制定的意义

水果生长的自然环境比较复杂，荔枝园生产管理目前主要靠人工完成，果树生长环境、生长状况、栽培技术实施、病虫害预测等主要靠经验判断。这种方式费时又费力，具有较大的盲目性和随机性，既造成了人力、物力及能源的浪费，又没有达到预期管理效果，且对提高果品质量和果园生产自动化水平都有较大的影响。为了实现果园的科学栽培与管理，迫切需要一种方法来实现荔枝园的智能管理与专家系统决策。

果园环境参数的变动是影响果树生长的关键因素，所以智能化监测果园生长环境参数是非常有必要的。目前我国果园管理水平还比较低，中小规模的果园管理存在设备缺乏先进性、相应设施不完善、可靠性不够好以及时效性不强等问题，成为限制我国果园经济发展的重要因素。

荔枝控梢促花分析与预测系统基于大数据分析与预测，针对荔枝的冲梢现象提供科学合理的管理方案。与现有技术相比，它具有准确度高、时效性强、拓展性好、灵活性强等特点。在采集数据时，综合考虑影响荔枝冲梢现象的各方面因素，即光照强度、空气温湿度、施药浓度等建立预测模型，在以后的年度中按照预测模型输入实测数据即可实时计算控梢促花药物施加的浓度和最佳的施放时间。专家库与已有的传统知识经验相结合，通过 PC 端向用户推送控梢促花决策，提醒管理者在荔枝花芽分化窗口期及时对荔枝进行养护，精准把控施加药物的时间和浓度。同时根据不同荔枝种植园的具体情况，可分别采集数据、分析计算得到针对特定种植园相应的预测模型，实现了系统科学性与实时性的结合。

荔枝冲梢现象对荔枝的产量和质量的影响极大，特别是其无法用经验预测的特性，更是加大了防治的难度。荔枝控梢促花分析与预测系统通过提前 5 天预测荔枝冲梢现象防治的最佳时机，向用户提供相对合理的防治方案，帮助其制订合理的管理方案，实现对冲梢现象的控制，提高荔枝产量与质量。同时管理者也可以根据实际情况，结合系统提供的防治方案，及时采用更为合理的措施，避免因防治过早或过迟带来不必要的经济支出。

思考题

1. 简述大数据分析的几个阶段。

2. 描述农业大数据的5V 特征。

3. 深度学习算法有哪几个指标?

4. 举一个例子说明聚类算法有哪些应用?

5. GLM 线性模型分为哪几种?

第三篇

人工智能篇

农作物在生长过程中，由于环境因素如温度、湿度、光照条件、作物过多或养分不足等原因，很容易发生病害，而病害发现得及时与否直接关系粮食的安全。早期检测是有效预防和控制植物病害的基础，在农业生产的管理和决策中发挥着重要作用。

在大多数情况下，病害的诊断都是由农业和林业专家进行现场鉴定，或由农民凭经验识别。这种方法不仅费时、费力、效率低，经验不足的农民在识别过程中还可能会出现误判，导致盲目用药，不仅会降低作物的质量和产量，也会带来环境污染，造成不必要的经济损失。因此，如何利用图像处理技术对植物病害进行快速、稳定识别的研究成为中外学者的一个热点研究课题。

目前，利用传统的图像识别处理技术识别植物病害的方法一般包括图像获取、图像处理、特征提取及模型分类4个步骤。Dubey 和 Jalal 采用 K-means 聚类算法对病害区域进行分割，并结合全局颜色直方图来提取苹果病斑的颜色和纹理特征，并使用基于改进的支持向量机（SVM）对3种苹果病害进行检测和识别，达到了93%的分类精度。Li 选择了5种苹果叶片病害作为研究对象，通过提取苹果叶斑图像的8个特征如颜色、纹理、形状等，采用BP 神经网络模型对病害进行分类和识别，平均识别精度达到92.6%。Guan 等提取了水稻叶斑的形态、颜色和纹理特征等63个参数，应用基于步骤的判别分析和贝叶斯判别法对3种水稻病害（稻瘟病、纹枯病和细菌性叶枯病）进行分类识别，最高识别精度达到97.2%。总之，基于传统图像处理技术的植物病害识别研究取得了一定的成果，但仍存在不足和局限：一是研究环节和过程繁琐，主观性强，费时费力；二是严重依赖病变部位的斑点分割；三是严重依赖人工特征提取；四是难以在较复杂的环境中检验模型或算法的病害识别性能。因此，实现智能、快速、准确的植物叶片病害识别具有重要意义。

近年来，深度学习（deep learning，DL）技术在植物病害识别研究方面取得了较大的进展。深度学习技术可以自动提取图像特征并对植物病斑进行分类，省去了传统图像识别技术中特征提取和分类器设计的大量工作，这些特点使得该技术在植物病害识别中获得了广泛的关注，并成为一个热点研究课题。深度学习的发展主要得益于3个因素：样本量更丰富的数据集、图形处理单元（GPU）算力的提升以及训练深度神经网络和支持软件库的发展。

本篇选取基于机器视觉的虫害识别问题，阐述人工智能技术在智慧农业中的典型应用，并详细描述自主开展的研究与实践成果。

第一章　荔枝害虫识别系统

第一节　研究背景及意义

我国是世界荔枝的主产国，自20世纪80年代以来，我国荔枝生产发展迅猛。广西作为我国荔枝的主产地之一，拥有巨大的荔枝种植面积和丰富的荔枝品种，主要品种有妃子笑、鸡嘴、肉桂、黑叶等，其中黑叶的种植面积占广西荔枝种植面积的70%以上。

广西地处亚热带地区，荔枝虫害较多，在荔枝生长发育各个物候期都可能受到不同害虫的侵害，从而导致荔枝产量下降、品质不佳。荔枝主要害虫有蛀蒂虫、荔枝蝽、荔枝瘿螨等。以蛀蒂虫为例，蛀蒂虫属鳞翅目科，也称荔枝蛀虫或荔枝蛀果虫，主要集中在我国南部地区，如广东、广西、云南等地。一般来说，成虫体长4~5 mm，翼展9~11 mm，触角长是体长的2倍；体色最初为浅绿色，后期逐渐变为黄棕色。蛀蒂虫对荔枝的破坏力极大，在幼虫期为害荔枝的嫩芽、花穗和果实，幼芽和花穗受损导致顶端枯萎，影响新梢生长和新穗开花、结果，荔枝幼果期受到严重的破坏。

蛀蒂虫每年发生10~12代。结果期是蛀蒂虫生长发育条件最适合、为害最严重的时期。成年蛀蒂虫通常在早上交配，晚上产卵。孵化后，幼虫直接从底部进入宿主。成熟的幼虫在离开果实后，喜欢在荔枝叶片、地面杂草或落叶上脱落丝，从而为害荔枝的果实和嫩枝。

在荔枝生长过程中对害虫进行预防和控制尤为关键。当前，大部分地区的农民还仅仅只是通过化学药物对荔枝进行管控，不但有可能造成农药滥用和错用，导致荔枝减产、绝产，还会使害虫的抗药性提升。并且过量使用农药还容易导致环境污染、植被破坏。受到破坏的环境又会反过来继续影响荔枝的产量，形成恶性循环。目前的农田虫害监测预警系统因适用范围窄、难以扩展、产品成本高等，在粗放型大田作物（如荔枝）上的应用十分少。

因此，通过计算机视觉的方式开发一套低成本、实用性强的荔枝虫害识别系统，帮助农民全天候实时监测荔枝田间害虫，对提高植保、防灾减灾水平的意义十分重大。

第二节　害虫识别系统设计

荔枝害虫识别系统包括害虫数据库、害虫识别模块、结果显示模块3部分，特点是通过用户上传、图像处理与比对、结果显示3个环节，可以达到识别害虫并给出具体防治措施的目的（图3-1）。

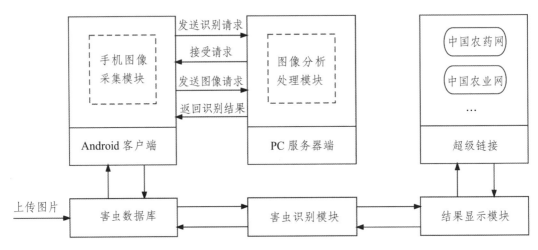

图3-1　病虫害检测软件框架

首先设置害虫识别模块，负责对用户上传的照片进行处理，模块中包含图像处理相关算法，此算法主要应用作物为荔枝，针对的害虫是荔枝上普遍发生且为害较重的害虫，如荔枝蝽、蛀蒂虫、荔枝尖细蛾和荔枝瘿螨。虫口密度的计算是通过图像识别来计算荔枝蝽和荔枝瘿螨个体的大小，蛀蒂虫和荔枝尖细蛾则通过灯光引诱及图像识别来调查虫害数量，此识别方法通过图像识别来确定虫害的发生。

用户利用手机本地相册或直接利用拍照功能上传1张照片，系统再把照片传送至害虫识别模块，害虫识别模块在此过程中完成对用户上传的照片图像处理，主要包括纹理、颜色、轮廓和背景特征处理及各特征图和特征值提取、保存，并把处理后的照片传送至害虫数据库中进行后续处理。

构建害虫数据库时，预先对每种害虫在每个发育期中的1000~2000幅照片进行纹理、颜色和轮廓等特征值提取，把提取结果保存到害虫数据库中，对特征库进行改进以提高识别率，使害虫识别模块能够准确地判断用户上传照片中的害虫到底属于哪种昆虫，虫情分析系统和虫害预警系统中包括多个荔枝害虫数据库，这些害虫数据库包括荔枝害虫种类、特点和防治措施。

在害虫数据库中将处理后的用户上传照片与害虫数据库中的照片进行特征值匹配，并对上传照片与数据库内每张照片进行匹配度统计，匹配度越高的照片就是害虫种类概率最高的照片。

　　基于害虫识别模块的识别结果显示，该模块将由当前事件跳到另一接口（比如中国农药网和中国农资网），从而给出对应害虫的详细资料（比如名称、外形、生长习性和生长周期）、为害指数和其他性质，并在此基础上给出对应的防治措施（比如喷洒农药和释放天敌等）。经过这一环节可以达到及时控制虫害发生的目的，并及时采取措施将害虫的为害降到最低程度。

第三节　害虫数据集的建立

　　网络爬虫又称网络蜘蛛、网络蚂蚁、网络机器人等，可以自动浏览网络中的信息。当然浏览信息时需要按照制定的规则进行，这些规则称为网络爬虫算法。网络爬虫通过爬取互联网上网站服务器的内容来工作。它是用计算机语言编写的程序或脚本，用于自动从互联网上获取信息或数据，扫描并抓取每个页面上的某些所需信息，直到处理完所有能正常打开的页面。随着大数据时代的来临，网络爬虫在互联网中的地位将越来越重要。互联网中的数据是海量的，如何自动、高效地获取互联网中有用的信息并为我们所用是一个重要的问题，而爬虫技术就是为了解决这些问题应运而生的。

　　因此，可以使用网络爬虫对荔枝虫害数据进行自动采集，使用事先做好的爬虫工具从百度图片中针对每种害虫分别爬取大量图片。图3-2是剔除无关图像后的部分爬取结果展示。

图3-2　部分爬取结果展示

将爬取好的图片分成训练集和测试集两类，比例分别为80%和20%，按照总图片792张，分为训练集633张图片、测试集159张图片。分类好的图片如图3-3、图3-4所示。

图3-3 训练集部分图片

图3-4 测试集部分图片

第四节　特征提取与特征降维

构建荔枝害虫数据集后，采用计算机视觉相关技术对部位进行颜色、纹理和轮廓等主要特征进行提取。针对不同性状间线性相互依赖关系导致性状冗余问题，采用体现特征值与结果相关性的皮尔逊相关系数，剔除对结果几乎没有影响的性状，形成以害虫轮廓、周长、RGB峰值性状为主要指标的荔枝虫害性状库。特征提取与表示是图像处理和模型训练过程中至关重要的一个环节，怎样提取出恰当的特征以尽可能全面地反映图像内在信息，将会直接影响模型训练效果。分析全局与局部特征，融合应用于图像分类和基于内容图像检索中的效果，并提取图像颜色、纹理、轮廓等特征（图3-5）。图3-6给出了特征学习流程图。

图3-5　纹理、颜色、轮廓、背景特征图

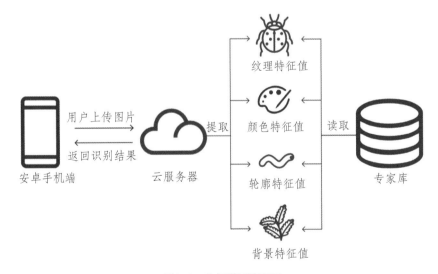

图3-6　特征学习流程图

一、颜色特征

色彩是特征工程应用最为广泛的低维特征之一。与形状和纹理等属性相比，彩色属性在旋转和缩放等空间位置转换方面具有更强的健壮性。通常样本图像为红色、绿色和蓝色三通道 RGB，不受人体视觉系统对色彩感知差异影响。但 HSV 色彩空间是建立在色相（Hue）、饱和度（Saturation）、价值参数（Value）之上的，这与人对于颜色的判别是一致的。要使用 HSV 图片就必须把 RGB 图像变换到 HSV 色彩空间，这就必须先归一化 RGB 图片：

$$(R, G, B) = \frac{(R, G, B)}{255}$$

设 Max 为 RGB 色彩空间中最大的像素值，Min 为最小的像素值，则 Hue、Saturation 和 Value 的计算公式为：

$$H = \begin{cases} 0, & (if\ Min = Max) \\ 60 \times (G-R)/(Max-Min) + 60, & (if\ Min = B) \\ 60 \times (B-G)/(Max-Min) + 180, & (if\ Min = R) \\ 60 \times (R-B)/(Max-Min) + 300, & (if\ Min = G) \end{cases}$$

$$S = Max - Min$$

$$V = Max$$

对于转换后的图像，分别计算其在 H、S、V 颜色空间中每个通道的平均值，其中 N 是图像的像素数，$H_{i,j}$、$S_{i,j}$、$V_{i,j}$ 分别是 H、S、V 3 个通道的像素强度：

$$\widetilde{H} = \frac{1}{N^2} \sum_{i=1}^{N} \sum_{j=1}^{M} H_{i,j}$$

$$\widetilde{S} = \frac{1}{N^2} \sum_{i=1}^{N} \sum_{j=1}^{M} S_{i,j}$$

$$\widetilde{V} = \frac{1}{N^2} \sum_{i=1}^{N} \sum_{j=1}^{M} V_{i,j}$$

对矩阵块中的每个图像，计算其在 H、S、V 颜色空间中每个通道的方差和偏度，方差可以用来度量 HSV 色彩空间中 3 个指标的分散程度，而偏差可以用来衡量样本相对于平均值的偏离程度：

$$Variance = \frac{1}{N} \sum_{i=1}^{N} (x_i - \widetilde{x})^2$$

$$Skewness = \frac{\frac{1}{N} \sum_{i=1}^{N} (x_i - \widetilde{x})^3}{Variance^3}$$

根据上述方法，每张图片将分别在 H、S、V 3 个通道中提取出平均值、方差、偏度共 9 个特征。在输入神经网络前，需要标准化上述提取的特征值，将其转换为方差为 1 的标准数据集，以防止某个特征过大或过小而对训练结果产生负面影响。

二、纹理特征

纹理是用于识别图像中感兴趣区域的一个重要特征，由空间位置的灰度变化形成。由于图像中两个像素之间存在一定距离的空间关系，因此通过研究灰度的空间关联性来描述纹理特征是常用的方法。

灰度共生矩阵（gray-level co-occurrence matrix，GLCM）主要从相邻像素的间隔、方向和变化范围来描述图像。其本质是统计灰度的两个像素在一定空间关系中的出现频率来反映图像中纹理细节的一致性和相对性。

通过 GLCM 进行纹理特征提取的具体方法，首先定义一个 $n \times n$ 的正方形矩阵，设为 P，矩阵中的每个元素 $P(i, j)$ 代表了一个灰度值与另一个灰度值的固定空间位置关系，$P(1, 1)$ 的元素为1，则代表样本灰度图中包含1对水平相邻且值均为1的灰度值，同理，$P(1, 2)$ 的元素为2，则代表灰度图中有2对1和2的灰度元素水平相邻。通过这种方式，可以将原灰度图中的水平灰度元素之间的关系保存至 GLCM 中，基于 GLCM 的不同二阶统计参数作为纹理测量的依据，即可得到描述图像纹理特征的不同特征统计量。图3-7给出了灰度共生矩阵中元素计算方法的示意图。

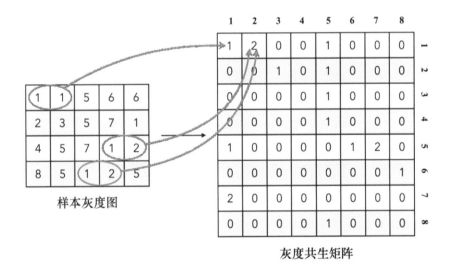

图3-7 灰度共生矩阵原理示意图

一般来说，角二阶矩（ASM）、对比度（CON）、相关度（COR）和熵（ENT）4种统计量对于纹理特征的提取有比较好的效果，且4种特征之间不存在相关性。

其中，ASM 反映了灰度像素分布的均匀程度和纹理粒度，ASM 越小则代表纹理分布不均匀，而 ASM 越大则代表灰度共生矩阵中存在多个相邻灰度元素之间的差值为固定值的情况，从而说明灰度分布越规则。计算公式如下：

$$ASM = \sum_{i=1}^{N} \sum_{j=1}^{M} P(i, j)^2$$

CON 反映了图像的清晰状态和灰度元素之间的差异性，对比度越大则说明图像中灰度差值比较大的区域之间不同亮度层级的测量，常用于统计图像中灰度层级的对比情况。计算公式如下：

$$CON = \sum_{i=1}^{N} \sum_{j=1}^{M} (i-j)^2 P(i, j)$$

COR 是一种表示图像中局部范围内灰度元素的变化程度的度量，COR 的值越小则代表相邻元素之间的灰度值差异情况并不大。计算公式如下：

$$COR = \frac{\sum_{i=1}^{N} \sum_{j=1}^{N} (i-\tilde{x})(j-\tilde{y}) P(i, j)}{\sigma_x \sigma_y}$$

式中，$\tilde{x}$ 和 $\tilde{y}$ 分别代表第 i 行和第 j 列中灰度元素的平均值，σ_x 和 σ_y 则表示第 i 行和第 j 列中灰度元素的标准差：

$$\tilde{x} = \sum_{i=1}^{N} i \sum_{j=1}^{N} P(i, j)$$

$$\tilde{y} = \sum_{i=1}^{N} j \sum_{j=1}^{N} P(i, j)$$

$$\sigma_x^2 = \sum_{i=1}^{N} (i-\tilde{x})^2 \sum_{j=1}^{N} P(i, j)$$

$$\sigma_y^2 = \sum_{i=1}^{N} (j-\tilde{y})^2 \sum_{j=1}^{N} P(i, j)$$

ENT 的物理意义是物体所包含信息的规则程度，熵越大则代表物体越混乱，反映在图像中，熵同样可以表示图像所包含信息的复杂程度，熵越大，则表示图像中灰度元素的随机性和复杂性越高，从而表示图像纹理的不均匀性越大。计算公式如下：

$$ENT = -\sum_{i=1}^{N} \sum_{j=1}^{N} P(i, j) \log P(i, j)$$

三、轮廓特征

除颜色和纹理特征外，轮廓特征也是识别虫害的关键因素，不同荔枝害虫的轮廓具有不同的形状，而轮廓特征可以很好地反映害虫部位的形状，从而区分不同的害虫。

首先使用计算机视觉库 OpenCV 将图片的 R、G、B 三通道像素值分别保存在 3 个矩阵中，然后把三通道图像通过平均灰度的方法转换为单通道的灰度图像。设原三通道图片位于 (i, j) 位置上的像素值分别为 $R(i, j)$、$G(i, j)$、$B(i, j)$，则经过灰度化后像素值的计算方法为：

$$Gray(i, j) = \frac{R(i, j) + G(i, j) + B(i, j)}{3}$$

在经过灰度化后的基础上进行二值化，将灰度分割阈值设置为127，则像素矩阵变为：

$$Bin\,(i,\,j) = \begin{cases} 0, & G\,(i,\,j) < 127 \\ 1, & G\,(i,\,j) \geq 127 \end{cases}$$

得到样本图片经过二值化后的黑白图后，即可提取二值化图片害虫的轮廓特征，根据分割阈值的不同，可以分别提取植物的轮廓和害虫部位的轮廓。

接下来依次遍历加入轮廓描边的样本图片的像素矩阵，判断该像素点的颜色是否为描边颜色，统计出植物轮廓或害虫轮廓的周长值，遍历结束则分别得到该样本图片轮廓特征中植物和害虫的周长特征值。

使用计算机图形学中的种子填充算法统计轮廓区域内的像素点，分别得到作为轮廓特征之一的植物面积特征值和害虫面积特征值。同时，根据等周定理，封闭平面图形的周长与面积比可以在一定程度上反映该封闭图形的紧凑度和与圆形的相似度，比值越低，则紧凑度越高。因此，圆周比也作为一个特征，用于反映虫害种类的形状。

第二章　虫害识别模型训练

人工神经网络简称 ANN（artificial neutral network）。从字面上理解，神经网络可能是神经细胞间的连接线编织出来的网络。概括地讲，人工神经网络试图模拟生物体的神经网络工作机制，通过复杂的网络结构和反向传播算法提取数据特征。人工神经网络是一个由神经元构成的开环系统，神经元的输出会变成另一些神经元的输入。而且，神经网络中一般是以层来组织命名的。最常见的神经网络就是接下来本章重点介绍的全连接神经网络。

全连接神经网络包含输入层、输出层和若干隐含层。其中每一层的所有神经元和另一层的所有神经元相连，同一层的神经元互不相连。这就是神经网络的基本结构。深度学习是一种利用深度人工神经网络来进行自动分类、预测和学习的技术，靠的是方法论和指导思想，而神经网络则是实现这种方法的物理机制，虽然深度学习并不一定要靠人工神经网络模型才能实现，但在现实的实际应用场景中，神经网络却是深度学习实现的最广泛、最常用的方式。许多经典深度模型（分类模型、目标检测等）也是通过神经网络来实现。

第一节　模型结构设计

人工神经网络是采用数学模型的方法来模拟人体大脑神经网络活动，拥有自主学习、自主适应的特性，能够实现预测、分类等功能。人工神经网络和人体大脑神经网络类似，也是由神经元构成，只不过每个人工神经网络的神经元都是一个函数，神经元的输入和输出都是数字，通过接收前驱神经元输入的信号并对信号进行一系列运算，得到的结果再输出给下一个神经元，从而达到神经元与神经元之间的信息传递。

人工神经网络的神经元构成如图3-8所示。x_1 至 x_n 表示神经元的输入，W_1 到 W_n 表示 x_1 到 x_n 输入到神经元的权重，b 表示偏差。SUM 是把 x_1 到 x_n 根据对应的权重 W_1 到 W_n 相乘得到的结果再求和，最后加上 b 可得到该神经元的总输入值。Function 是指激活函数，可以体现输入的数值对该神经元的激活有多大的影响作用。将总输入值经过 Function 函数运算就可得到该神经元的输出值。神经网络输出的计算公式如下：

$$out=Function\,(x_1 \times W_1 + x_2 \times W_2 + \cdots x_n \times W_n + b)$$

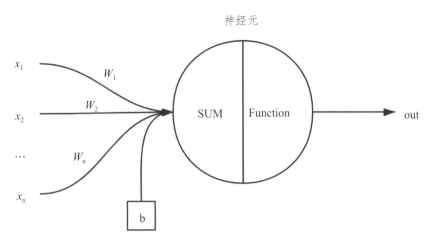

图3-8　人工神经网络中的神经元构成

　　组成人工神经网络的基本单位是神经元。人工神经网络通常被划分为3个部分，分别是输入层、隐藏层和输出层。每一层都由多个神经元排列构成。其中隐藏层可以是叠加的，而输入层和输出层均只有1层。一个简单的三层全连接神经网络结构如图3-9所示。输入层负责将数据输入，隐藏层负责提取数据中的抽象特征，输出层则是将网络运算后得到的结果输出。

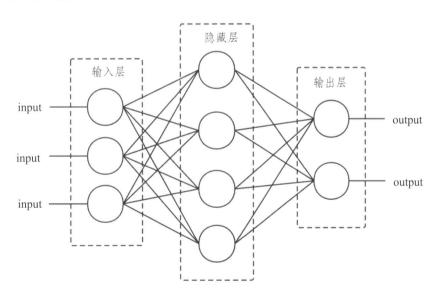

图3-9　三层全连接神经网络结构

　　本章所采用的人工神经网络是可通过监督学习进行训练的，即对每组图片的颜色、纹理特征进行标记，然后输入到人工神经网络当中，通过对比网络的输出结果以及原本的样本标签，采用梯度下降法（gradient descent）来更新网络权重，如此反复进行训练，让网络输出的结果逐渐收敛，从而使网络能够学会根据特征数据进行分类。

　　根据输入特征向量维度，确定输入层节点数为18、输出层节点数为38的全连接神经网络（fully connected neural network），用于荔枝害虫的分类和检测任务，图3-10是神经网络的具体结构图。全连接神经网络模型是一种多层感知机（multi-layer perceptron），感知机的原理是寻找类别间最合理、最具有鲁棒性的超平面，最具代表的感知机是SVM支持向量机算法。神经网络同时借鉴了感知机和仿生学，通常来说，动物神经接受1个信号后会发送至各个神经元，神经元接受输入后根据自身判断，激活产生输出信号后汇总，从而实现对信息源的识别、分类。与传统的感知机不同，每个节点和下一层所有节点都有运算关系，这就是全连接的含义。中间层成为隐藏层，全连接神经网络通常有多个隐藏层，增加隐藏层可以更好地分离数据的特征，但过多的隐藏层也会增加训练时间和产生过度拟合。

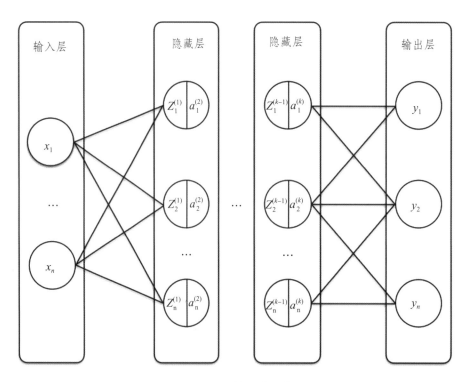

图3-10　BP神经网络结构图

　　本章设计了4个不同结构的多层全连接的BP神经网络进行模型训练，网络结构为1层输入层、多层隐藏层、1层输出层。其中输入层为18个神经元，分别代表一种特征属性：H均值、H方差、H偏度、S均值、S方差、S偏度、V均值、V方差、V偏度、角二阶矩、对比度、相关度、熵、害虫周长、害虫面积、植物轮廓周长、植物轮廓面积、害虫圆周比。输出层中的神经元代表1种荔枝害虫的预测概率，4种不同神经网络的输出层节点数均为2，分别代表荔枝蜡蝉和蛀蒂虫。4种神经网络的隐藏层神经元节点数分别为40、40、80、80；隐藏层的深度为80，迭代次数为80次。一次完整迭代是指一次前向传播和一次后向传播，每迭代1次，神经网络的权重就更新1次，经过迭代优化，不断调整全连接神经网络内部权重，达到最小化神经网络的输出与真实目标之间的差距，从而实现对荔枝害虫的准确识别。

将（0，1）区间内平滑取值的非线性函数Sigmoid用作激活函数（activation function），激活函数就是在人工神经网络神经元上运行的函数，负责将神经元的输入映射到输出端。引入激活函数是为了增加神经网络模型的非线性，没有激活函数的全连接神经网络相当于矩阵相乘，无法拟合非线性场景下的分类问题。Sigmoid的具体形式如下：

$$f(x) = \frac{1}{1+e^{-x}}$$

输出层采用Softmax作为激活函数，利用复合函数的链式法则推导出输出层和隐藏层误差下降反向传播算法的误差梯度。同样的，可以推导出隐藏层和输入层之间的误差梯度。

此外，在全连接神经网络中，学习率也是一个重要的参数，学习率可以用来控制神经网络的学习进度，过大或过小的学习率均会给网络带来负面的效果。当学习率过大时，神经网络会出现"矫枉过正"的情况，具体表现为模型的准确率会在一定区间内来回大幅震荡；而过小的学习率则会导致易过拟合，且收敛速度慢。因此通常需要对神经网络的结构和学习率进行优化调整，以提高模型的预测性能。

第二节　模型评估指标

评价模型泛化能力有很多性能指标，本节选取模型的查准率、查全率、精确度和错误率作为性能度量，在神经网络分类结果中，真正例数为TP，真反例数为TN，假正例数为FP，假反例数为FN。

查准率表示模型输出结果中真实正例占全部正例的比例，该指标反映的是模型预测结果的准确性：

$$Precision = \frac{TP}{TP+FP}$$

查全率代表模型输出结果中有多少正样本被准确预测，该指标反映的是模型正确判断正样本的能力：

$$Recall = \frac{TP}{TP+FN}$$

精确度反映样本预测结果为正确的比例：

$$Accuracy = \frac{1}{n} \sum_{i=1}^{n} Cnt\,(y_i = \tilde{y})$$

其中，y_i 为神经网络的输出，$\tilde{y}$ 为样本的真实标签。

错误率指分类错误的样本占样本总数的比例：

$$Error = 1 - Accuracy$$

第三节　实验结果分析

图3-11给出了模型训练过程中的准确率和损失函数变化曲线。从图中可以看出，在训练过程中损失函数的值呈下降趋势，而验证集上模型的预测准确率呈总体上升趋势，且模型收敛速度快，经过80次迭代后达到了良好的收敛状态。

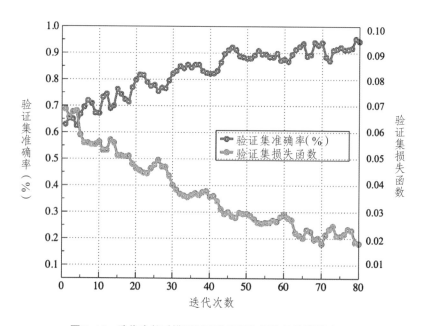

图3-11　迭代次数对模型识别准确率和损失函数的影响

表3-1是测试集中BP神经网络的不同测试指标，并对不同网络结构下的神经网络做了性能比较，其中，网络结构中的"14：40×256：38"表示该神经网络的输入层具有14个神经元、40个隐藏层，每个隐藏层中具有256个神经元，输出层中具有38个神经元。最后，对所得到的网络输出结果进行分析与评价，从分类精度、泛化能力和稳定性3个方面分别比较4种不同网络结构神经网络的性能差异。结果表明，具有80个隐藏层、每层有1024个节点的神经网络，准确率最高达87.94%。

确定神经网络的结构后，通过调整学习率，进一步优化神经网络，表3-2是不同学习率下神经网络的训练情况。实验结果表明，在不同的学习率下，神经网络的表现略有不同。由于在神经网络训练中使用了80次迭代，低学习率的模型难以收敛。学习率过高会导致准确率的振荡，最终导致学习效果不稳定。总之，当学习率为0.1时，具有1024个隐藏层节点和80个隐藏层的神经网络表现最好，识别准确率为93.21%。

表3-1 不同神经网络结构的模型评估指标和性能

网络结构	查准率	查全率	错误率	准确度
14 ： 40×256 ： 38	0.8366	0.8200	0.1496	0.8504
14 ： 40×512 ： 38	0.8533	0.8666	0.1383	0.8617
14 ： 80×512 ： 38	0.8633	0.8766	0.1240	0.8760
14 ： 80×1024 ： 38	0.8773	0.8800	0.1206	0.8794

表3-2 学习率对模型性能的影响情况

学习率	查准率	查全率	错误率	准确度
0.001	0.8766	0.8921	0.1498	0.8502
0.01	0.8783	0.8800	0.1206	0.8794
0.1	0.8652	0.8713	0.0979	0.9321
0.5	0.8133	0.7836	0.1797	0.8203

第四节 App 设计

一、总体设计概述

App 主要包括计算机服务器和与计算机服务器无线连接的1个或多个用户手机，是计算机服务器内设置的经过深度学习训练后的荔枝害虫识别模型。用户先通过微信小程序上传图片到服务器端，服务器接收到请求后将图片保存至服务器端，同时调用害虫识别模型对图片进行识别，待识别结果出来后，再将结果返回给用户，用户在结果显示页面可以直观地了解到该害虫的名称及防治方法等。

二、硬件设备

系统利用安卓 App 开发工具 Android Studio 进行开发。Android Studio 是一个为 Android 平台开发程序的集成开发环境，可供开发者免费使用，具有兼容性强、开发过程可视化等优点。

App 由用户上传图片、虫害识别模块、结果显示模块、害虫数据库4个模块组成。

图3-12为4个模块的界面示意图。

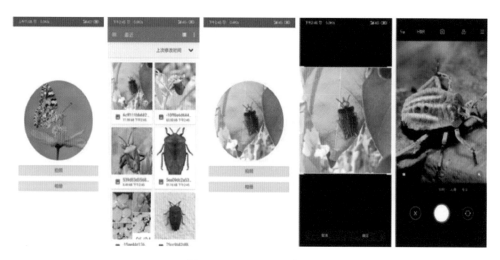

图3-12　App 界面示意图

三、用户上传图片

用户用手机拍摄害虫部位的照片，照片中害虫体轮廓所占面积应大于50%，为害虫部位的俯视图或侧视图，光线要充足；在害虫的各个发育期各摄取照片1000张或更多，每个发育期照片摄取的时间覆盖该发育期的各个时段，对害虫在每个变态发育期的每一天均要拍摄照片，对同一害虫间隔10~60 分钟进行1次拍摄。图片接收子模块负责接收用户手机上传的照片。

四、害虫识别子模块

图像处理子模块将图片接收子模块从用户处接收到的图片进行图像处理，以获取阈值分割害虫部位图。

利用阿里云服务器和 Ubuntu 建立并配置服务器端，打开服务器8080端口接收安卓端申请。服务器具体步骤：App 先把用户上传的照片编码成二进制字节流，通过 HTTP（hyper text transfer protocol）协议发送到服务器8080端口，其请求模式是 POST。当服务器收到用户请求时，先把用户上传的字节流解码成照片再保存到服务器当地，当服务器收到用户要求时，先得到用户上传的照片，然后把照片存放到服务器上的固定点上，再运行执行程序——图像识别程序实现阈值分割及特征值的提取，最后利用数据库交互实现穷举匹配。匹配后的图片再输入到深度学习神经网络中进行后续的判断，获得判断结果。最后把控制台的程序输出结果存入缓存，以最终结果的形式向用户返回。结果所含信息为害虫种类及各当前害虫为上述害虫的概率。

五、结果显示子模块

用户上传照片，服务器发送照片至神经网络之后获取识别结果并返回给用户。识别结果中的信息具有包含害虫特定类别、害虫发生时期和系统确定害虫属于哪一类的置信度。

同现有技术相比，荔枝害虫监测识别系统及监测识别方法具有以下显著效果：（1）对荔枝上普遍发生的、为害较重的害虫进行识别。如对荔枝蝽、蛀蒂虫、荔枝尖细蛾和荔枝瘿螨等都能及时识别，方便及时采取对应防治措施避免荔枝受害，确保荔枝产量与质量。（2）系统易于升级与拓展，且随着使用年限的增长，害虫特征数据库不断得到完善与丰富。（3）害虫特征数据库还可以录入其他作物害虫特征指纹。（4）系统在农业林业等领域也都可以应用于害虫鉴定，只要把相关害虫特征录入系统害虫特征数据库即可。（5）由于在各个季节实时采集害虫发育期信息，该方法能够在发育早期发现虫害。

第三章　目标检测及其实现

第一节　基于深度学习的目标检测

随着人工智能技术在国外取得巨大进展以及卷积神经网络模型越来越多地使用，目标检测不管是在生活中还是在科研中的重要程度均大大提升。目标检测，就是将图像或视频中的特定物体检测出来。目标检测大体上可以分为两个部分，第一步是判断图像中是否存在指定目标，如果图像中确实存在指定目标，则需要进行第二步，把指定目标用矩形框表示出来。实际上，目标检测是计算机图像识别技术和深度学习神经网络相结合的产物。目标检测已发展成为科研领域一个非常重要的研究方向，随着互联网、人工智能的飞速发展，摄像头和监控器已经越来越多地应用在农业生产管理中，这些硬件设备也为我们带来了数以亿计的图片、视频，在这个形势下，如何从大量的图像中高效获取有用的信息就显得越来越重要。目前对目标检测的研究主要有两个方向：一是基于传统图像处理和机器学习算法的目标检测和识别方法；二是基于深度学习的目标检测与识别方法。

传统的目标检测算法包括3个阶段，这3个阶段的具体过程：①首先生成目标建议框。当输入1张原始图片时，计算机只认识每个像素点，想要用方框框出目标的位置和大小，最先想到的方法就是重置建议框，具体的做法是用滑动窗口扫描整个图像，还要通过缩放来进行多尺度滑窗。很显然这种方法计算量很大，且很多都是重复计算，效率极低。②其次提取每个建议框中的特征。在传统的检测中，常见的 HOG 算法对物体边缘使用直方图统计来进行编码，有较好的表达能力。然而传统特征设计需要人工制定，达不到可靠性的要求。③最后是分类器的设计。传统的分类器在机器学习领域非常多，具有代表性的 SVM 将分类间隔最大化来获得分类平面的支持向量，在指定特征的数据集上表现良好。

传统的算法在预测精度和速度上都很不理想，随着深度学习算法在计算机视觉领域的大放异彩，并逐渐成为主流，传统识别算法渐渐暗淡。目前主流的目标检测算法主要是基于深度学习模型，大概可以分成两大类别：一是 One-Stage（一阶段）目标检测算法，这类检测算法不需要进行滑动窗口选取阶段，可以通过一个 Stage 直接产生物体的类别概率和位置坐标值，比较典型的算法有 YOLO、SSD 和 CornerNet；二是 Two-Stage（二阶段）目标检测算法，这类检测算法将检测问题划分为2个阶段，第一个阶段产生候选区域（Region Proposals），包含目标大概的位置信息，第二个阶段对候选区域进行分类和位置精修，这类算法的典型代表有 R-CNN，Fast R-CNN，Faster R-CNN 等。目标检测模型的主要性能指标是检测准确度和速度，其中准确度主要考虑物体的定位和分类准确度。一般情况下，Two-Stage 目标检测算法在准确度上有优势，而 One-Stage 目标检测算法在速度上有优势。但随着研究的发展，这两类算法都在两个方面做了改进，均能在准确度和速度上取得较好的结果。

当前，基于深度学习的目标检测技术被广泛应用于田间复杂环境下的花果提取和分析研究，以实现作物生长的动态监控。荔枝控梢是荔枝丰产的关键环节，只有做好了控梢管理，才能保证荔枝花芽生理分化程度高，有利于开花和开花整齐、健壮，这是荔枝丰产的基础。控梢促花就是促进荔枝进入花芽生理分化期的措施，本质是使荔枝树体从营养生长向生殖生长转化，为荔枝花芽形态分化（即栽培上的荔枝开花）做准备。利用图像识别技术可以为荔枝花期管理决策提供参考从而提升荔枝产量。而花朵图像检测对估计荔枝花的密度非常重要，可以作为预测荔枝产量的一个指标，早期和准确的荔枝产量预测与水果行业、贸易、超市的市场规划，以及种植者和出口商计划（劳动力和储存、包装材料）的需求密切相关。因此，高效可靠的荔枝数量估算技术备受关注。

第二节　荔枝害虫识别软件

荔枝蝽又名荔枝椿象，是一种果树害虫，成虫体长约25 mm，盾形，黄褐色，腹面被白色蜡粉，有臭腺，共开口在胸部腹面中后胸交接处；卵圆球形，长2.5~2.7 mm，淡绿色，乳化前变为深灰色；若虫体色红黑相间。荔枝蝽主要为害荔枝和龙眼等250多种果树的果实，可造成落果或使果实失去经济价值。目前，国内外学者针对农作物害虫的识别与防治开展了大量工作。在农作物虫害的识别过程中，常使用 R-CNN 目标检测和YOLO目标检测方法。在目标检测之前，需要使用特定种类害虫的数据集进行模型训练。目前的目标检测软件种类繁多，但对于荔枝蝽的检测软件却很少，且质量良莠不齐，难以满足用户的需求。针对这一问题，荔枝害虫识别软件使用准确度较高的模型进行荔枝蝽目标检测，具有简洁、易懂的界面，可协助用户高效识别检测目标。

一、总体设计

荔枝害虫识别软件包括计算机服务器和与计算机服务器无线连接的1个或多个 PC 终端，计算机服务器内设置图片接收模块、目标检测模块和结果提取模块。图片接收模块用于接收用户上传的待识别图片。目标检测模块对用户上传的图片进行目标检测,是荔枝害虫识别软件的核心模块。结果提取模块允许用户将目标检测的结果图片导出到当前目录下的文件夹。荔枝害虫识别软件界面见图3-13。

图3-13　软件界面

二、图像标注

当面对大量需要标注的图片时,往往会耗费很多时间,这就需要寻找到一个好的图像标注工具。LabelImg是一个可用于模型训练中对待标注图片进行图片标注的工具,可以快速、方便地将原图片中的待检测物体使用矩形框或者任意形状框框起来的工具。但这个工具目前还不能实现全自动标注,需要手动一张一张地标注,虽然这个过程无法脱离工作人员的手动操作,但是相比于人工确定4个像素点的位置并保存在xml文件中来说,效率已经取得了巨大的提升。LabelImg是一种可视化图像校准工具,可以帮助我们直观地看到图像上已标注的部分(图3-14)。标注过程十分简单,只需选择checkbox后,用鼠标框出待检测物体,最后把标注好的文件生成xml文件即可。

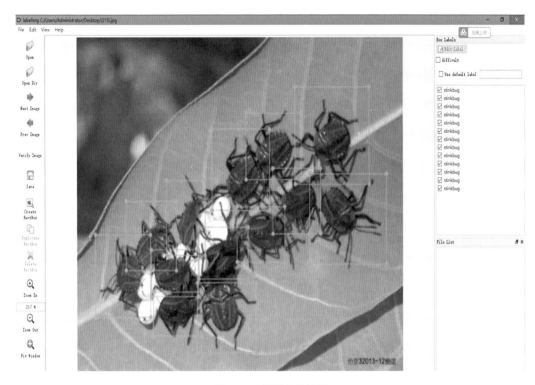

图3-14 图像标注过程

三、主要模块

荔枝害虫识别软件由害虫图片上传、模型训练、目标检测、导出结果4个模块组成。这4个模块反映了软件的主要特征，以下分别对4个模块的逻辑业务设计和特征设计进行描述。

1. 害虫图片上传

用户自行拍摄的荔枝蝽照片应保证拍摄质量，避免模糊或过曝。点击上传图片按钮后，系统会自动跳转到选择文件窗口，用户可以选择1张或多张图片作为待识别图片，用于下一步的目标检测（图3-15）。

2. 模型训练模块

荔枝害虫识别软件使用荔枝蝽图片数据集进行模型训练，模型训练可以选择epoch和batch size，训练后的模型识别精度达到92.78%，loss值为34.26，并使用该模型对上传的图片进行目标检测（图3-16）。

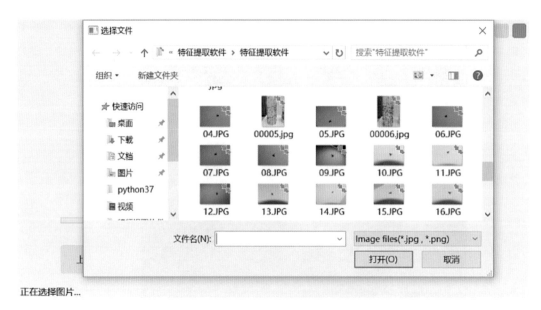

图3-15　通过图像上传功能上传照片

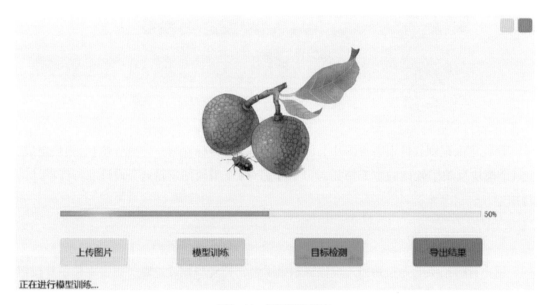

图3-16　模型训练界面

3. 目标检测模块

使用训练模型对用户上传的图片进行目标检测,荔枝害虫识别软件的检测算法为
YOLO目标检测。用户点击目标检测按钮后,软件在后台进行图片识别并弹出检测目标
后的图片,即为检测结果(图3-17)。

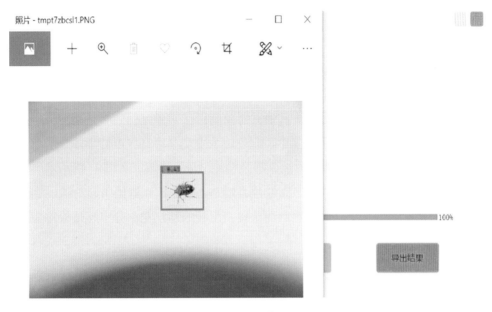

图 3-17　目标检测界面

4. 导出结果模块

　　该模块的作用是将用户识别后的图片保存。默认保存路径为当前目录。自动顺序生成 result 开头的图片文件名，方便用户查看（图 3-18）。

图 3-18　导出图片文件

第三节　荔枝花朵目标检测

荔枝花簇茂密繁多，密集生长和体积小的独特特点使其比传统的目标检测更具挑战性。遮挡是荔枝花检测中的一个关键挑战，通常有2种类型的遮挡：场景遮挡和对象间遮挡。场景遮挡是指检测到的对象被其他非对象遮挡；对象之间遮挡是指图像中检测到的对象的相互遮挡，是遮挡问题的核心。此外，农业场景中高密度的物体分辨率相对较低，物体体积小，容易受到噪声的影响，导致检测结果不准确。如图3-19所示，图中黄色方框为准确检测到荔枝花的位置，而红色方框是荔枝花相互遮挡引起的错误检测，左上角的数字为检测的置信度，可以看出两朵紧密生长的荔枝花十分容易被检测为一朵荔枝花。

图3-19　图像标注过程

荔枝花的检测过程分为4个部分：一是将采集到的荔枝花图像进行标注，保存为xml文件。二是对数据集进行数据扩充，使用图像增强的方法将图片数量增加数倍，以利于后续的模型训练。三是将扩充后的数据集输入模型中进行训练，当训练收敛时对模型进行测试，根据测试结果调整模型的训练参数来优化模型。四是将最优的模型用于图像检测，得到检测结果，流程图如图3-20所示。

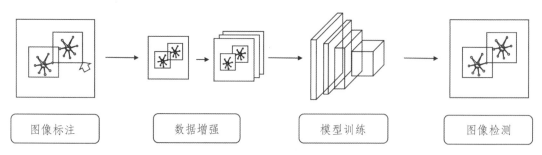

| 图像标注 | 数据增强 | 模型训练 | 图像检测 |

图3-20　图像标注流程

一、荔枝花数据集

本节所使用的数据集为自建的荔枝花数据集。荔枝花的自建图像采集于广西大学农学院试验田（22°50′28.41″ N，108°17′9.00″ E），拍摄于阳光明媚的中午。经过筛选，有2600张图像，包括荔枝花黏附的情况、不同的大小、无序的角度和不同的阴影。图像像素为997×997。选择2600张图像中的520张作为测试集，剩下的2080张作为训练集（图3-21）。

图3-21　荔枝花数据集示例

二、方法步骤

1. 数据增强和图像标注

深度学习训练需要大量的数据来提高检测精度，防止过度拟合和不收敛。由于条件不同，人工采集的数据数量通常不足，因此有必要增强数据集。采用几何变换的数据增强方法，包括随机旋转、水平反演和垂直反转。随机旋转是将图像旋转90°、180°、270°和360°。水平反转是指沿着垂直中心线左右翻转图像。垂直反转是指沿着水平中心线向下翻转图像。图像标注使用手动注释，并保存为 xml 文件。

2. 特征图提取

使用遮挡图像和密集图像在不同维度下提取的特征图像进行可视化，如图3-22所示。在低维特征图像下的纹理相对清晰。通过降采样，产生了最小的特征遗漏，并提取出最佳的特征图像。

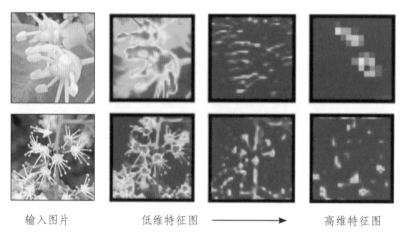

输入图片　　　　　　低维特征图 ——————→ 高维特征图

图3-22　不同维度特征图

3. 训练网络

VGG16是一种经典的卷积神经网络模型（图3-23），它包含了13个卷积层、5个池化层、3个全连接层和1个softmax层，其中16表示网络中的卷积和全连接层的总层数。由于BP神经网络的网络层数较少，容易导致梯度消失。梯度消失是指在深度神经网络中，当通过反向传播算法进行梯度更新时，较深层的神经网络层的梯度变得非常小甚至趋于零，导致网络参数无法得到有效更新的问题。这会使得深度神经网络难以训练，表现出训练速度缓慢、收敛困难等现象。因此VGG16引入了一种新的网络结构设计：它在网络中连续地堆叠了多个卷积层和池化层，并将非线性激活函数ReLU应用于其卷积层和全连接层。这种网络设计的好处是能够增加VGG16的深度，从而逐步提取出图像的高维特征，并有效地解决了梯度消失的问题。

卷积层是VGG16网络的核心部分之一。它通过使用一系列卷积核与输入图像进行卷积操作，提取了输入图像的局部特征。每个卷积层都可以看作是对输入图像的不同级别的抽象表示，更深的卷积层会捕捉更高级别的语义信息。在卷积操作之后，VGG16模型会使用池化层来进一步处理特征图。池化层是一种降采样操作，在保留主要特征的同时，减少特征图的维度。常用的池化操作是最大池化，它从每个特征图的小区域中选取最大值作为该区域的表征。这样，特征图的大小会减小，但特征的重要性仍然得到保留。

全连接层连接在卷积层和softmax层之间，负责将卷积层输出的特征映射到具体的类别，将卷积层和池化层提取到的高级特征进行分类。最后，softmax层使用softmax函数将全连接层的输出映射为概率值，表示每个类别的预测概率。通过softmax层，可以根据模型输出的概率分布来进行分类，选择概率最大的类别作为最终的预测结果。

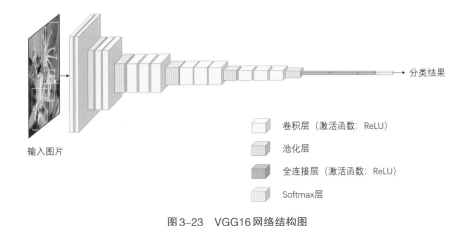

图3-23　VGG16网络结构图

三、实验结果

在目标检测中，IoU（Intersection over Union，交并比）是一种评价目标检测器的重要指标。交并比是交集和并集的比值，用来计算两个物体面积的重叠度。当交并比较大时，表明两个物体重叠度较高。而在检测中选用适当的交并比阈值，可以有效地判断哪个预测框中是真正要找的物体，哪几个预测框该删除。在使用中将IoU设置为0.5，检测结果如图3-24所示。

图3-24　荔枝花检测结果

在检测结果图中红色框表示检测到的荔枝花，黄色圆圈表示遗漏的荔枝花，黄色框表示重复检测。从可视化结果可以看出，在荔枝花数据集上表现出了良好的性能。实验结果达到了86.94%的平均识别精度、14.79%的缺失率和85.21%的召回率。结果证明了荔枝花朵目标检测方法的价值，并大大提高了在遮挡和密集情况下荔枝花的检测精度。

通过目标检测技术对荔枝花图片进行检测后得到的结果可以用于后续荔枝花数量的预测任务。目前使用较多的预测方法有基于回归的方法和基于密度图的方法。基于回归的方法主要分为两步：一是提取场景的低级特征，例如前景特征、边缘特征、纹理和梯度特征；二是学习一个回归模型，例如线性回归、岭回归或高斯过程回归，学习一个低级特征到花朵数的映射关系。而基于密度图的方法是学习图像的局部特征和其相应的密度图之间的关系，从而在计数的过程中加入图像的空间信息，利用不同的卷积核大小将输入图像映射到花朵密度图上，然后通过积分计算估计图像中花朵的数量。无论是使用回归还是密度图，基于CNN的方法都能取得较好的结果。

思考题

1. 典型的神经网络学习结构有哪几层？

2. 深度学习模型的学习率越高越好吗？

3. 虫害识别主要采取哪几类特征？

4. 解释图像标注是如何影响训练效果的？

参考文献

［1］刘云浩．物联网导论［M］．北京：科学出版社，2011．

［2］李道亮．物联网与智慧农业［M］．北京：电子工业出版社，2021．

［3］庞承杰．基于区块链的供应链溯源系统及其访问控制机制研究［D］．广西大学，2022．

［4］叶进，陈贵豪．基于6LoWPAN的物联网环境感知研究与农业应用示范//赛尔网络下一代互联网技术创新项目结题报告［R］．中国教育和科研计算机网CERNET网络中心，2020．

［5］赵春江．加快数字技术在产品供应链上的应用［EB/OL］．（2020–12–23）［2020–12–06］．https://m.thepaper.cn/baijiahao_10516717．

［6］张尧学，胡春明．大数据导论［M］．北京：机械工业出版社，2021．

［7］Steve Hoberman．丁永军，译．数据建模经典教程［M］．北京：人民邮电出版社，2023．

［8］温晗秋子，郑永强，刘杨．柑橘大数据研究与应用［J］．农业大数据学报，2021，V3（01）：33–44．

［9］叶进，陈贵豪，李平，等．基于大数据分析预测的荔枝控梢促花管理方法［P］．ZL2019 1 0967795.6．

［10］赵春江，文朝武，林森，等．基于级联卷积神经网络的番茄花期识别检测方法［J］．农业工程学报，2020，36（24）：143–152．

［11］杨娟，邱文杰，叶进，等．一种荔枝虫害监测识别系统和监测识别法［P］．ZL2019 1 0967814.5．

［12］吴梦岚．基于边界框回归和多尺度特征学习的荔枝花检测研究［D］．广西大学，2023．

［13］邱文杰．面向植物病害识别的卷积神经网络精简结构，Distilled–MobileNet模型［J］．智慧农业（中英文），2021，3（1）：109–117．

后 记

与智慧农业结缘已是10年前的事了。笔者来到广西大学工作的第一天，就被果树包围的校园深深吸引，原来广西大学农学始于建校之初，也是中华人民共和国成立后第一批获得硕士学位点的专业。校园随处都能看到农学院培育的品种，从甘蔗到水稻，从杧果到荔枝，常常看到学生在试验田顶着烈日采集数据的身影。既然是采集数据，窃以为必然有可以帮助到他们的方法。一开始由于技术壁垒，农学院老师提出的需求非常简单：以前的研究方法是每天拿尺子测量叶片面积，通过它的变化计算光合作用的数值。现在能用机器视觉代替人工精准统计，让研究人员免受烈日之苦吗？研究关注的是作物根茎变粗了多少，能让计算机每天都对每个根茎做差异比较吗？随着合作的深入和双方的相互了解与融合，老师们提出了更具挑战性的需求：每天飞来飞去采蜜的蜜蜂，需要统计它们的数量，但人工统计太困难了，以及能否自动区分雄蜂和雌蜂？这些问题都是农业科学研究中的难点，不仅耗费老师和学生大量的体力，而且有时很难得到精准的结果。因此这些需求的实现，能够大幅提升农业科学研究的效率，降低传统科研方法中的人力成本。在信息技术从业者看来，围绕这些问题可以设计算法和训练模型，最后通过部署系统来解决。

在参加一次全国龙眼荔枝农技推广的工作会议时，一位曾出访过澳大利亚和新西兰的种植专家提出了一个需求：能否自动计算一个果园有多少花，并且分辨出是雌花还是雄花。因为雌花才结果，这一统计是产量测定的基础。因此这些数据在生产实践和科研统计中是非常切实的需求。为此笔者的团队成立了一个课题组，自建了2G数据集，建模训练后准确率达到92.6%，通过图像增强，对雌、雄花识别的准确率高于95%。这个成果是经过前后三届硕士研究生的努力达成的，其中一位到果园采集数据的研究生还因为花粉过敏而休息了3个月。

前进的过程充满曲折，课题组在和广西农业科学院（以下简称"农科院"）合作进行杧果白粉病的机器学习建模时，农科院给了几GB实地采集的高清图片，承担训练任务的研究生信心满满地认为，这么多这么好的数据肯定没有问题。然而当农科院的专家来验收的时候，专家从口袋里掏出一张照片，小程序一扫：鉴定为白粉病。专家却说是施了化肥而不是白粉病。课题组于是继续优化模型结构，并对特征参数进行显著性分析，有针对性地进行处理。最终这个成果发表在了2019年刚创刊的《智慧农业》上，课题组成为农业机器视觉领域较早开展热带水果病害识别的技术力量。

智慧农业研究工作始于2014年广西大学的强基计划及"互联网＋实验室"建设专项，后得到广西重点研发计划的支持，这些给课题组创造了自主研发的空间，打开了一扇学科交叉整合之窗。感谢广西大学农学院的老师和全国农业技术推广体系的专家，尤其是遍布各市县的农技推广站，是他们让我们体会到了农业的辛苦，也分享了收获的甜蜜。

智慧农业的课堂促使课题组把这些工作结果整理出来，从提笔到完稿历经8个月的光阴。希望本书既为农科学子展示智慧农业的诸多关键技术，帮助他们建立大数据思维和智能化体系，又为工科学生提供信息技术应用的场景参考和项目式实践指导，选用的几个案例全部来自上述课题组的实践活动。与走家串户助农扶贫的农业技术推广专家相比，这些经历都不算什么，只希望为他们的工作做出一点小小的贡献。任正非说过，自动驾驶汽车在标准化道路上演习算个啥，要能让车开进炎热的农田替代农民干农活，那才是本事。如果本书能够吸引更多的年轻人加入智慧农业的队伍，我们的心愿就达成了。